Living Your Unlived Life

Coping with Unrealized Dreams
and Fulfilling Your Purpose in the Second Half of Life

中年成长

［美］罗伯特·A.约翰逊　［美］杰瑞·M.鲁尔●著

周党伟　盛文哲●译

Robert A. Johnson ｜ Jerry Ruhl

北京联合出版公司
Beijing United Publishing Co.,Ltd.

只 为 优 质 阅 读

好
读
Goodreads

推荐序

　　构成我们生命意义的是活着的关系，即便一个人孤独在世，也通过内在和自然、和神圣、和父母以及和祖先意象发生着关系。早期，这种关系带有某种原始性质——单纯、稚嫩以及原始的信任。人入世后，会体验到痛苦、失望和不可抗拒的命运——分离和死亡。在关系终结前离开关系，塑造一种永恒、永生的内在关系就成为人生最大的意义。人只有经历过具体的生活——交友、上学、结婚生子和铭心刻骨的失恋，毫无提防的背叛，爱恨交加的嫉妒，以及无法避免的因对未知人和事的不确定和不稳定而带来的不安全感，才会回归内心；远离纷杂会最终导致的毫无意义的穷兵黩武，乘人之危式的背后捅刀和机关算尽式的落井下石，才会体验到一种生命的品质，即活着的意义和自我存在的质量，而这只有在中年到来时发生。早无法品尝其妙，晚不能尽享其美。阅读《中年成长》这本书，就会让你找到上述的感觉，可能，你还会有更多更复杂的感受，咱们拭目以待！

华中科技大学附属同济医学院教授

国际分析心理学会武汉发展小组组长　　　　施琪嘉

2024年5月28日，汉阳通顺河

译者序

　　人生的各个发展阶段有着不同的任务，这似乎是跨文化的共识。在中国，人们熟知圣人孔子的"吾十有五而志于学，三十而立，四十而不惑，五十而知天命，六十而耳顺，七十而从心所欲，不逾矩。"而西方心理学领域，也有心理学家埃里克森所提出的人格发展八阶段理论。我们也会自然而然地期待，人生如这些圣人哲言所述一般清晰明了，日渐成熟通透。可现实中，人生的进程并非线性发展，"人生的青春之酒并不总是随着年龄的增长而日益清澈，而是时常会变得浑浊不堪"。人到中年，比起"不惑"，或许更常感受到的是"夜深忽梦少年事，梦啼妆泪红阑干"式的唏嘘和无奈。

　　而这，恰恰就是本书想要探讨的重点。本书作者之一，罗伯特·约翰逊是一位国际知名的荣格心理分析师，早年曾求教于印度精神导师克里希那穆提与日本禅师铃木大拙。后来，他前往瑞士苏黎世荣格学院，接受艾玛·荣格的分析与治疗培训。约翰逊十分擅于用神话故事来演绎人类内心世界的历程，讲述蕴含在人生各阶段中的爱恨纠葛。本书另一位作者杰瑞·鲁尔博士是一位临床心理学家，同时也是一位颇受欢迎的心理分析师。作为约翰逊的弟子与合作伙伴，鲁尔博士除了致力于深度心理学领域的研究，还在世界很多国家开展灵性传统方面的研究工作。二人的合著，也让这本书颇具特色。

两位作者将自己的真实生活体验、临床治疗案例、著名的散文诗歌融入核心理论观点之中，并通过贯穿始终的神话故事将其呈现出来。因此，本书内容十分广博，"从古希腊神话到高僧大德，从基督教神秘主义者到当代诗人、艺术家和科学家，本书涵盖了来自不同文化、地域和传统中的广泛声音"。

"神话是大众的梦，神祇是人格化的精神力量。"神话故事所呈现出的集体意象跨越了文化边界，适合全人类，是为我们指出通往美好事物之路的象征性尝试。通过神话故事这条主线来呈现人生议题，也是借助象征的方式来传达整体、永恒的真理。另外，神话具有带领个人经历其生命历程中各个阶段的力量，从出生到成人、从老迈到死亡。就拿书中"双子星座"的神话来说，我们生活中所面临的每一次冲突与对立、每一种人生选择，基本上都属于双子星座两难困境的具体展现。若能了解神话和象征影响一个人心智的方式，我们就有希望过上一种"自在圆融"的生活——找到那条通往自己内心原我的道路，迈向个体化的历程。

本书既是一本荣格心理学领域的专业著作，也是向我们介绍

"人生智慧"、帮助我们获得更好生活品质的心理健康科普读物。概括来说，本书主要探讨了以下几个核心议题：

※从荣格心理学视角来理解，我们为什么会有心理困扰？

※什么是未竟人生，这样的体验从何而来？

※未竟的人生会给我们的内在和外在生活带来怎样的影响？

※如何将人生中的困境和挑战转化为成长的契机和资源，创造新的人生选择并发掘隐藏的才能，最终实现或活出自己想要的人生？

意识是文明赠予我们的一件可疑礼物

人为什么会有心理问题？荣格将其归结于当代人对意识的片面发展，而对于无意识这一丰饶宝藏则越发疏离。荣格说："与本能天性的疏离使当代的文明人不可避免地陷入了意识与无意识、精神与自然、知识与信仰的冲突之中，而且，一旦意识无法继续忽视或压抑本能，这些冲突就会演化为心理问题。"

我们人类个体生命历程的发展与意识的发展是相通的，意识是我们跟这个外在世界打交道的语言和工具。现代社会生活中的每一项议题都逼迫着我们要发展意识，而越发地疏远无意识本能。不妨观察一下周围的人，我们这些皈依于科学、智力、理性、效率等现代社会与科技"神祇"的当代人，每天将大量的时间和精力用来应对现实世界所要求的智力活动，忽视了对内在精神世界的滋养和与它的联结。

另一方面，当代社会崇尚以自然科学内容为主导的现代教育体系，它往往过分强调年轻人对外部现实世界的适应，却没有教会他们如何适应自己，尤其是理解自己内在精神世界和心理需求。可是，"人固有非理性层面的需求，即内在世界的精神生活"。从某种程度上来说，人们维持在非理性状态的时间，说不定比保持理性的时间还要长。人类心灵有其固有的运作模式，如果无意识的需求没有得到适当满足，个体便开始感到"困顿"。一个个困顿的个体构成了困顿的人群，也就构成了如今这幅沉疴未愈、痼疾犹存的众生相。

未竟人生与未整合的体验

本书的两位作者基于自身的生活体验和工作经历，结合多年的临床治疗经验与理论修习，将人生不同阶段的各种心理问题或困扰凝缩成一个十分深刻却又不失趣味的议题——"未竟人生"。

究竟何为未竟人生？它涉及我们尚未整合到自己内心体验中的方方面面。具体来说，它可以是无法在人生重要关头做出抉择，莫名地瞻前顾后、犹豫不决，最终错失良机而悔恨不已；可以是在前行的路上迷失目标或方向，空有满腔抱负和理想，却始终难以迈出最关键的第一步；可以是人到中年陷入发展停滞，对学习、工作、事业或是身边的伴侣，再也没有了往日那份热情与渴望，甚至满心怨恨。一旦被自己的未竟人生所困，纵然事业有成、功成名就，物质生活已经极大富足，我们依然会感到浑浑噩噩，内心被空虚、乏味以及无聊所充斥，与自己理想当中的幸福生活渐行渐远……

　　未竟人生的体验从何而来？社会文化会潜移默化地向生活在其中的个体灌输一些片面的价值观。大多数情况下，文明更加偏爱那些美好的、正确的、光明的、强大的、有价值的部分，而远离它们的对立面。身为当代社会中的文明教化之人，我们难免被主流文化价值观所钳制，为社会行为准则所束缚，不得不在众多事情上有所选择。正是这些选择，最终塑造了我们片面的存在，也就是意识层面的分裂。这种分裂和片面的结果，便会为我们带来两种不同的人生，一种是体验过的生活（我们选择的那部分），另一种则是不曾触及的未竟人生（选择部分的对立面）。

　　我们的心灵具有天然的补偿功能。前一阶段的意识原则，很可能跟接下来的人生格格不入。这种内在的分裂状态无法让我们适应人生的下一段旅程。我们很多人会毫无准备地步入人生的下半程。更不幸的是，我们在迈出这一步时会带着错误的预期，以为我们已经掌握的那些知识和价值观会像之前一样有效，最终却难免失望甚至置身困境之中。那么，从荣格心理学的视角来看，未竟人生的困局，如何来破呢？

从非此即彼到兼而有之

　　"我们不能按照上半程的方式来度过下半程，人生上半程的意义在于个体的发展，在于我们要扎根于外部世界、构建自己的人格，在于延续生命以及照顾我们的家人。在上半程显得很伟大的东西，到了下半程或许会变得渺小；上半程的真理，到了下半程就会变成谎言。"所以，人到中年，这是一种从如日中天到日薄西山式的转变，它会要求我们重新评估自己旧有的价值观体系，因为"在把光芒洒遍世界后，太阳会将光芒收敛，来照亮自己"。

解决这一议题的途径是要获得一种更高层面的意识状态，即整合对立面。因为人类意识所体验的一切都是以对立面形式出现的。不要尝试"紧抓着一种狭隘的意识状态不放"，用荣格的话来说，"（未竟人生）解决的办法就是利用对立面的张力来粉碎它，建立一种更为广阔、更为高级的意识状态"。这是荣格本人对于处理人生发展阶段中各种心理危机的深刻理解。

本书的作者深化并发展了荣格这一观点，以神话故事作为象征，通过大量的临床治疗案例来向读者展示：我们是如何在遗传以及文化的影响下做出人生种种选择的。尤其是养育我们的父母、教导我们的师长、被我们理想化的偶像以及身边的伴侣所带来的诸多影响。另外，通过精心总结的工具表单和操作指导，作者仿佛在手把手带着我们一起"去审视与探索那条未曾体验过的路径"。比如，我们可以通过作者给出的具体步骤来练习主动想象这一荣格心理学经典技巧，以安全、有效的方式在日常生活中领略象征这门"无意识语言"的神奇力量；我们还可以通过述梦、孵梦等实操技术，穿透梦中意象的迷雾，看到梦中那些鲜活的生命，更为深刻地理解梦向我们传递的无意识信息，领悟生生不息的生命奥秘。将意识人格与未竟生命中的核心能量加以整合，这便是中年机遇背后的动力。

通过探索未曾经历过的生活，整合这种"内在的分裂"，我们可以学会以象征的方式来面对内心的黑暗，超越自己的恐惧、遗憾和失望，得以将视野扩展到一般意识之外，获得更高层面的意识态度。从心理原型层面来理解，人生的上半程过渡至下半场，是永恒少年原型占主导转变为智慧老人原型占优势的过程。此时的智慧老人原型，应是超越了片面与分裂，整合了二元对立的。处理人生发展停滞议题，我们需要在永恒少年与智慧老人这两种原型力量中共同汲取能量、均衡协调发展。具体来讲，透过主动想象与梦的工作技术，我们得以跟自己未竟的生命进行对话，理解自己内在的不同面向，应对那些难以启齿和令人难堪的部分，令它们在象征层面呈现出来，活出完整的生命而无须破坏维系文明生活的文化和社会规则。也因此，我们得以用象征的方式来更深刻、更完整地理解自己以及所生活的这个世界，从而为日常体验带来新的深度和意义。

语言的曼荼罗

在翻译本书的过程中，我们发现，作者想要表达的是贯穿人生整个发展周期的内在生命真谛。这样一来，它就广泛地适合所有年龄层的读者。因为只要内在的分裂态度仍然占主导，一味执着于二元对立冲突的话，那些未触及的体验会在任何一个生命阶段上体现出来。这使得本书不仅适合对荣格心理学感兴趣的心理学专业人士来阅读，更适合给普罗大众做心理健康科普之用。

首先，它适合人生发展遇到危机、生命停滞不前的人来细细品味：在书中跟随作者的引导，通过审视与觉察自己未曾体验过的生活，我们会发现自己完全有能力摆脱那些旧有思维与关系模式的束缚，得以用意识之光照亮内心幽暗之地，超越并转化那些曾令我们欲罢不能的渴求。

其次，它适合渴望真实亲密关系的伴侣来仔细研读：对于自身所缺失的部分，我们会借助于寻找"理想"的伴侣来让自己趋于完整。人们之所以会把很多东西错当作爱情，实际上是我们自己不曾体验过的未竟人生在隐隐作祟。如若始终对自己未曾触及的人生茫然无知，那内心的投射就会逐渐将亲密关系侵蚀殆尽。

另外，它也适合父母在养育孩子的过程中反复阅读：一个孩子被迫承受的最大负担，是其父母未竟的人生。我们对他人所做的最大伤害，就是让别人来背负我们自己的无意识内容。在亲子养育中，更是如此。如果你正在养育孩子，那么对你自己未竟的人生保持一份觉知，这便是你能留给孩子最宝贵的财富。

不同于以往的荣格经典心理学著作，本书语言用词简单明了，加上作者精心提炼、用心设计的大量心理健康自助工具，大大增加了它的易读性和实用性，非常适合尚不具备深度心理学理论基础的大众读者来参考借鉴。

语言中蕴含着曼荼罗，是内在原我的力量之一，代表着整体与圆满。语言也具有伟大的疗愈作用，无论是理论观点、神话故事、散文诗歌、治疗案例还是心理自助工具，无一不是本书作者传授给广大读者的良方。在其中，我们可以发现原本看似无法调和的对立面趋向合一的奇妙历程。作为译者，我们是语言的摆渡人，翻译的工作也是将两种原本迥异的语言形式转化合一的过程。荣格心理学作品往往都比较晦涩难懂，而本书确实是难得的一本基于荣格心理学的大众心理健康科普读物。在翻译本书的过程中，我们万不敢奢求"雅"的境界，力求最大程度地忠实于作者的初衷，用简洁、通俗同时不失专业水准的文字将作者的意思传递给大家。在此，要特别感谢厦门朴生心理的咨询师林颖女士，在她的建议与协助下，本书中涉及宗教、灵性的相关术语最终能以较为适当、妥帖的形式体现出来。最后，囿于译者水平所限，对于本书中翻译不当及疏漏之处，还望方家不吝批评指正，提出宝贵意见。我们也十分期待这本书能够尽早出版，并呈到你手上。这样一来，我们便可以早日领略两位作者的深刻洞见，探索自己未竟的生命体验，"如其所是，自在圆融"。

周党伟　盛文哲

2024年5月

前　言

你是否曾向往过与自己现有的生活完全不同的另一种人生？

在人生旅程的前半段，我们忙于建立事业、寻找伴侣、养育家庭，疲于履行社会压在我们身上的文化责任。现代文明的代价是，它必然会使我们变得片面，在教育、职业和性格方面日益专业化。然而，当我们到了中年这个人生转折点时，我们的心灵开始寻找本真、真实和意义。正是在这个时候，我们未竟的人生体验开始从内心深处浮现出来，渴望获得关注。本书旨在帮助你将那些悔恨、失望和不满转化为更加清明的意识觉知。书中提供了一些巧妙的方法引导你来探索未曾体验过的人生经历，而不会给自己或他人带来伤害。通过使用本书中介绍的一些自助工具和心理技巧，你将学会：

● 如何摆脱现有限制的束缚？

● 如何为友谊、家庭和事业注入活力？

● 如何开启新的人生选择和隐藏的天赋？

● 如何将中年"危机"化"危"为"机"？

● 如何掌握真正活在当下的艺术？

● 如何重新与象征层面的生活建立起联结，象征生活是一般意识状态和开悟觉知状态之间不可或缺的纽带？

本书致力于帮助读者们更好地与无形世界中的动力和能量和谐相处，因为这个无形的世界其实一直充溢在我们的日常生活之中。人类个体身处未知而神秘的生命世界当中，我们需要与之建立某种联结，这种联结不仅是意识和理智层面的，更是关乎存在的整体。在神圣的生命戏剧中，人类的独特角色就是思量并吸纳这些无形的力量，将其转化为我们的意识觉知，最终融入我们的行为之中。

从古希腊神话到高僧大德，从基督教神秘主义者到当代诗人、艺术家和科学家，本书涵盖了来自不同文化、地区和传统中的广泛声音。然而，我们最伟大的老师始终是我们的来访者——那些愿意审视自己的生活经历，从而收获灵魂的人。多年来，有许多人心怀善意地允许我们讨论他们的梦和心理治疗过程。我本人万分荣幸能够分享他们的人生故事。为保密起见，本书所涉及的所有来访者均为化名，其私人信息也进行了整合处理，以确保来访者的隐私不被暴露。

读者会注意到，本书通篇使用单一人称叙述。比如在提及"我的"来访者或个人经历时都使用了单数的形式。实际上，本书中的相关案例均来自两位作者的生活经历和心理治疗临床工作。为便于理解，我们将双方的观点和故事进行了整合。

我们谨向WMS传媒（WMS Media）的莉斯·威廉姆斯（Liz Williams）表示由衷的感谢，感谢她提出的宝贵建议，并为本书找到了一个好归宿。杰里米·P. 塔彻尔（Jeremy P. Tarcher）是出版界的一位传奇人物，我们很荣幸能够与他合作。感谢企鹅出版集团塔彻尔出版社（Tarcher/Penguin）的米奇·霍洛维茨（Mitch Horowitz）对我们的信任和大力支持；感谢企鹅出版集团塔彻尔出版社的莱达·谢因塔布（Leda Scheintaub）用心的编辑工作。还有詹姆斯·霍利斯（James Hollis），他为人温暖和善，同时也是一位能言善辩的荣格学者，感谢他给予我们以启迪，感谢他引荐莉斯女士给我们认识。同时还要感谢罗兰·埃文斯（Roland Evans）、诺拉·布鲁纳（Nora Brunner），特别是乔迪斯·鲁尔（Jordis Ruhl），他们阅读了本书的初稿并提出了宝贵的建议，感谢以上诸位这一路以来的关爱和鼓励。

罗伯特·A. 约翰逊（Robert A. Johnson）

杰瑞·M. 鲁尔（Jerry M. Ruhl）

2007年5月

目 录 | contents |

我们不应该停止探索，

而所有探索的尽头，

都将是我们出发的起点，

这是生平第一次真正认识它。

———T.S. 艾略特，《四首四重奏》[1]

1　T. S. 艾略特，《小吉丁》，收录于《四首四重奏》（*Four Quartets*），1942年版权归T. S. 艾略特所有，1970年由埃斯梅·瓦莱丽·艾略特（Esme Valerie Eliot）续订，经哈考特公司许可转载。

第一章

充分实现我们的希望和潜能

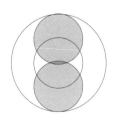

我的一个朋友最近溘然离世。他用财富尽可能地使自己远离生活的痛苦，然而在生命最后的日子里，他经历了极度的焦虑、懊悔、愤怒、困惑、怨恨以及恐惧。弥留之际，他留下遗言："要是我曾……就好了。"听到这样的悲叹——遗憾、错失良机、丧失的体验，足以让所有人在时日尚存之际好好审视一下自己未竟的人生。

　　随着我们年事渐高，最重要的任务是活出自己未曾体验过的人生，千万不要等到痛心切骨或大限将至再来完成，那便为时已晚。活出自己的未竟人生，就是要让自己过得充实，为我们的存在赋予目标和意义。

　　究竟何为未竟人生呢？这关乎你尚未整合到自己体验中的所有重要方面。透过脑海中的喃喃自语，我们能够听到来自遥远的未竟人生的叩问："早知如此，何必当初。"或许是在对自己人生抉择的反复思量之时，抑或是在那些深夜的独自惆怅之际，莫名的悲伤突然涌上心头。那是一种不知何故却迷失了目标，或者本来信誓旦旦要完成的事情却落空了的感觉。我们究竟错在何处？当前的生活与我们最初的设想有多大的不同？

我们每个人身上都有很多被丢弃、未实现以及未得到充分开发的天赋和潜能。即便你已经实现了自己的主要目标，人生看起来似乎了无遗憾，但对你来说仍有一些被封存了的重要的人生经历。你若是独生子女，那么你将永远无法体会拥有兄弟姐妹的经历；你若是一位女性，那么一些作为男性的体验对你来说便是陌生的；你若已成家，那便告别了单身状态；你若是有色人种，那便不会是白人；你若是基督徒，那便不会是穆斯林。诸如此类。对于你所选择的一切（或别人为你选择的一切）来说，其他的东西都是"未选择的"。

想一想，在你的生活中，有什么事情是你做不到并因此觉得自己在某种程度上被贬低了的？你对自己当前的生活有何不满？是来自孩子或者工作上无休止的要求，抑或是伴侣对你的漠不关心，还是因为疾病的羁绊？不管是什么，只要是你的生活中所缺少的，那就是你未曾触及的生命中的一部分。一位女性可能决定在事业上出人头地，但多年后的某一天，醒来后突然发现自己内在的某些部分其实一直渴望留在家里陪孩子，做一名家庭主妇。或者她会发现自己内在的某些部分会向往一种宗教式的生活，想要去过闭关清修的生活。同样，一个人可能会觉得自己既有成为诗人的潜质，也有经商的才能。他可能发现自己正在谋求升职加薪，为事业和家庭摸爬滚打。尽管如此，他心中的诗人作为一种潜能依然存在，只是还没有时间从外在现实层面加以体验。

或许你个子比较矮，总想要变得高一些；或许你想让自己变瘦，或是拥有不同的身材；又或者想要发掘自身的音乐天赋，抑或是成为一名运动健将。有哪些是你不曾实现却仍迫切渴望的呢？它是如何表达出来的呢？是体现为内心的不满、愤怒，还是持续的悲伤和缺乏活力？你是否经常被自己的生活搞得焦虑不安或失望无奈？你是否觉得自己被所处的环境欺骗了呢？

再举一个例子。假设你已经有了一段彼此承诺的亲密关系，却爱上了其他人。你内心的某个部分渴望这种新鲜感带来的刺激、新奇和眷顾。你感受到一种真实的吸引力，无论它是否合乎伦理道德，它确确实实存在着。上天造就了我们的情欲，这是自然生命的神圣事实，亦是一种强大的自然力量。但我们生活在一个文明的世界里，这个世界要求我们不能因为自己突然被爱神丘比特之箭射中就去毁掉他人的生活。那该如何是好呢？难道每当被新的目标所吸引，我们就可以恣肆地放手去爱吗？还是说完全否认它的存在，然后陷入郁郁寡欢之中？我们要怨恨我们的伴侣，将怨气发泄到他们身上吗？事实是，人的生命十分有限，我们无法和我们爱上的每一个人都发展一段关系。那我们该如何妥善对待这些无法点燃的激情欲望？它们又是从哪个隐匿的角落里冒出来令我们失去控制的呢？

那些未曾选择的部分便是症结所在。如若你不对其做点儿什么，它会先在无意识的某个角落里造成轻微的感染，然后对你施加报复。未竟的生命不会因为不受关注而自行"消失"，也不会因为我们装作无关紧要将其抛之脑后就自然"消解"。相反，随着年龄的增长，那些未曾体验过的生活会转入地下，变成麻烦——有时甚至会酿成大错。当然，没有人能够活出生命中所有的可能性，不过其中一些关键的方面必须被带入生活之中，否则你的人生将难以圆融。

当我们发现自己处于中年抑郁之中，突然对自己的伴侣、工作和生活心生怨恨时，我们便可以肯定，未竟的生命正在寻求我们的关注。尽管现实生活已经十分富足了，但我们仍然感到不安、无聊或空虚，此时便是未竟人生在发出邀请，让我们参与其中。如若忽略了这项工作，我们就会感到精疲力竭、怅然若失、耿耿于怀或十分挫败。也许你早已经发现了，纵使做得再多或得到再多也难以抚平内心的不安或不满之情。把这些糟糕的情绪压抑下去，或是尽职尽责、按部就班地生活都是远远不够的。"明光冥想"（mediating on the light）或试图超越尘世的苦难也都无济于事。唯有意识到自己的阴影特质，才能帮助你为你未被救赎的黑暗找到合适的位置，从而获得更令人满意的体验。倘若缺乏这项工作，你就会继续被困于受限的人生所带来的乏味、孤独、焦躁和失望之中，而不是听从更高的召唤而获得觉醒。

生活中矛盾的行为要求

我们人类被赋予了十分矛盾的各种要求。我们必须是被文明教化之人，这需要一整套行为准则，以及由文化决定的价值观体系，如谦卑、礼貌、公平、高效以及所有其他美德——这些构成了我们对社会的责任。来自家庭、文化和时间上的压力迫使我们要做到术业有专攻，务必在众多选择之间有所取舍，而这些最终塑造了我们片面的存在。与此同时，我们又被号召去活出自己真正的模样，成为完满的人（身心健康且富有精神性）——这是更深层的原我（Self）所赋予我们的使命。这种价值观上的冲突会让生活变得混乱和痛苦，尽管连一周内所经历的矛盾都鲜有人能充分意识到。我们之所以会竭力回避，不去面对这种内在的冲突，因为它实在是太令人恐惧了。

现代人学会了自律，我们会设置闹钟来让自己早起；我们会上学读书并让自己专注于人类奋斗清单上从头罗列到尾的各项内容；最终将从事艺术家直至动物学家中的某种职业。但无论你决定用你的生命来做些什么，其实能量都会卷入你选择不做的那些事情中。上帝护佑那些将一生奉献给良善的人，因为在阴影的世界里，不可避免地会有一个对应的老鼠窝潜伏在地下。这就是现代人的处境：在一周结束时，擦去自己额头上的汗水，自问道："我要如何才能再多坚持一天呢？生活中充满了矛盾，我要怎样才能承受这种拉扯呢？"

获得更清明的意识觉察

即使你无法重温已逝的岁月，你仍然可以体验自己未曾经历过的人生，探索与自己当初选择迥异的人生路径会是什么样子。有一些巧妙的方法可以帮你在不伤害自己或他人的情况下探索未竟的人生之路。这样做的回报便是终将达到人生目标，获得本真。

当你意识到这一点时，那些未曾经历过的生活就会成为一种动力，推动你超越当前的局限，获得更深入、更有力的意识觉察。你的"自我"会和更深层的"原我"联结在一起，成为一个新的整体。自我，它是我们人类个体的意识领域中心；而更深层次的原我则是心灵中更高的组织原则，是人格作为一种整体现象的中心力量。[1]

---

1 C. G. 荣格，《荣格文集》，R. F. C. Hull 译（新泽西州普林斯顿：普林斯顿大学出版社，1973年），第 9 卷，第 2 部分，第 43~67 段（《荣格文集》以下简称 CW）。

原我将我们推向基本的生命体验，并与更深层、更伟大的领域相联结。与宇宙本质原型模式相一致的身份认同产生了自我所体验到的意义。原我更为准确的表述用法是动词形式，如"原我化"，因为它既不是静态的，也不是真实的事物，它是一个可观察到的过程。在本书中，当我们提到原我时，应该将其理解为心灵动态地寻求更深层次的整合、组织、关系和创造性表达的倾向。

心灵的自组织特性已引起了广泛的讨论，尤其是在复杂系统理论中。对那些有科学头脑的读者来说，值得注意的是，"内稳态"（homeostasis）是生物的基本特征之一，是开放系统，特别是生物体，通过多种动态平衡调节机制来调节其内部环境以保持稳定、恒定状态的一种特性。该术语由沃尔特·坎农（Walter Cannon）于 1932 年提出，源自希腊文 homoios（"相同""相似"）和 stasis（"站立""姿势"）。比如，我们的身体机能在正常运转的情况下，它具有内在的功能来维持温度和酸碱度平衡以及在正常范围内的营养物质和废弃物之间的浓度平衡。这就是一种自我调节功能。

同样，心灵也具有自我纠正和补偿的特性。由于心理过程是动态变化的，不会依照某个固定点（如恒温器）来进行调节，因此用"协调机制"（Homeorhesis）来描述它们更合适。Homeorhesis源自古希腊语，意为"稳定的流动"，是一个包含动态系统的概念，它可以返回到一个轨迹，而不是返回到一个具体的状态（稳态）。1940年，C. H. 沃丁顿（Waddington）首次提出了"协调机制"一词，指的是心灵具有在动态过程中进行自我调节的特性。在生态学中，这个概念被用于盖亚理论，该理论所考虑的系统是地球上不同形式生命体之间的生态平衡。参见C. H. 沃丁顿《思考的工具：如何理解和应用解决问题的最新科学技术》（*Tools for Thought: How to Understand and Apply the Latest Scientific Techniques of Problem Solving*，纽约：基础读物出版社，1977年）。"原我"，或更广阔的原我化倾向，能够促进未曾实现之潜力的整合与表达，这可以通过科学或宗教形式的隐喻来加以理解，即神圣的花火或灵魂使我们更接近整体性和神圣的体现。

这才是人生后半阶段所值得追求的目标，也是成长的真正意义所在。通过探索未曾经历过的生活，我们学会了如何超越自己的恐惧、遗憾和失望，得以将视野扩展到一般意识之外，真正地接纳我们全部的生命存在，让我们感受到"旧燕归巢（arrive home）"，正如诗人艾略特[1]（T. S. Eliot）所写的那样，"这是生平第一次真正认识它"。将我们的意识生活与宇宙中无形的指引力量相协调，这会给我们带来一种"正确感（rightness）"，一种即使身在旅途也能体验到家一般的安然自在之感。

在某些情况下，你会找到一个合适的地方让自己未能实现的潜能发挥出来，重新调整事情的优先级以及外在的现实生活。也许你会在工作或人际关系中发现自己真正的事业或发展的新方向。一般来说，通过审视自己未曾体验过的生活，你会发现自己实际上已经摆脱了旧有模式的束缚，超越了对那些曾经看似重要事物的需求。你将获得力量，帮助自己摆脱自怨自艾、消极观念以及羁绊自己的行为习惯。通过探索未曾体验过的生活，你将获得新的活力、能量以及对"现状"的肯定。

---

1 T. S. 艾略特（Thomas Stearns Eliot，1888—1965），英国诗人，被称为开创现代英美诗歌诗风的先驱。1948年，60岁的艾略特凭借诗歌集《四首四重奏》获得诺贝尔文学奖。诗人擅长在长诗中将远古神话传说、宗教人物与说教、古典文学和历史故事以及现代西方的生活片段等奇妙地拼接在一起，形成亦梦亦幻的象征结构风格。——译者注

这让我想起一个故事

你听说过那个拥有世界上最强电脑的人吗？他想知道超级计算机是否会超越人类的思维能力，所以，有一天，他用编程语言写道："机器有可能像人类一样思考吗？"电脑嗡嗡作响，咔嗒咔嗒，灯光闪烁，一通操作之后最终打印出了答案。这人拿起打印机打印出来的信息一看，上面赫然印着一句话："这让我想起一个故事。"

故事是人类洞察力的丰富源泉。那些伟大、具有教育意义的故事，本质上都属于神话，它们对我们心理状况描绘之精准令人大为叹服，甚至比科学方法更胜一筹，后者将现象从其自然背景中剥离出来，并试图推断其中的因果关系；而神话故事则是在向我们传达整体、永恒的真理。作为一种特定的文学形式，神话故事并非由某个个体来书写或创造完成的，它脱胎于整个文化的想象和经验。随着时间的推移，那些个人特有的个性化元素可能会增加或减少，而最为普遍的主题则会被延续下来，保持鲜活的生命力。因此，神话故事是在呈现一幅集体意象——它们讲述的是适用于所有人的事情。神话类的意象和母题（motifs）每天都会出现，无论是在家里，还是工作场所，又或者大街小巷中，它们每时每刻都可能重复上演。

这与当下的理性主义观点截然相反，理性主义将神话视为不真实或虚构之物。虽然神话故事中的细节可能无法如史实一样加以考证，但这些故事中所包含的核心和潜在的真相总是深刻而普遍地与人类的境况息息相关。著名小说家托马斯·曼[1]（Thomas Mann）曾经论述过人类获得意识觉察的重大意义，并指出，全然真实地讲述并体验自己的人生故事，会帮助我们明晰自己是如何参与到古老神话模式之中的。"神话是对生命的见证……只有借由神话，也只有在神话故事当中，生命才能获得自我意识、约束和神圣感。"[2]发现一个与自己的生活息息相关的神话模式，这会加深个体对自我的理解。这种联系也有助于人们理解生命中那些看似偶然、零碎或悲剧的瞬间是如何来源于更大的整体的。

为了更好地理解我们如何才能超越人类的分裂体验——在我们活过与未曾活过的体验之间痛苦挣扎，我将从一则永恒的故事，也就是双子星座卡斯托尔和波吕克斯的神话中汲取智慧。在接下来的章节中，这则神话故事将引导我们进行探索，照亮我们内心的挣扎，或许还能为我们指明一条归家之路。

卡斯托尔和波吕克斯的传奇是一个古老的故事，最早记载于古希腊的英雄时代，据说至少有三千年的历史了。我们将看到卡斯托尔和波吕克斯是如何从最初的一体，之后历经各种生离死别、分崩离析以及艰难险阻的。他们一个被打入冥界，而另一个升入天堂，

---

1 托马斯·曼即保尔·托马斯·曼（Paul Thomas Mann，1875—1955），20世纪德国著名的小说家，1929年获得诺贝尔文学奖。他深受叔本华、尼采哲学思想影响，其文学作品具有浓烈的精神分析式的风格，其本人也多次在公开场合明确表达对弗洛伊德以及荣格心理学思想的支持与赞美。——译者注
2 托马斯·曼（Thomas Mann），《弗洛伊德与未来》（*Freud and the Future*），载于《随笔》（*Essays*，纽约：维塔奇书局，1957年），第317页。

缺少了对方的陪伴，双方都无法安宁。经过一番痛苦挣扎，他们最终在天堂的庇佑中重逢。双子星座的演变历程是所有人类迈向完整之旅的原型和指引。

乍看之下，这个故事与我们这个时代似乎相去甚远，但事实并非如此。三千年来，人类在生理上并没有发生多大变化，我们人格中的无意识心理也相差无几。尽管如今我们满足基本需求的方式已经不同往日，但作为人的意义——从生到死，却始终如一。因此，通过探索那些最早的神话故事来观察人类行为和人格的基本模式是很有启发意义的。故事中的描绘如此简单直接，我们可以从中获益良多。此外，我们还可以从中清楚地看到我们这个时代所特有的变化。

我们每个人的心中都隐藏着一个难题或是愿望，那就是渴望与"另一半"重新建立联结，这个"另一半"有可能是我们曾错过的与自己极为相像的人，也可能是生命之中不知何故所缺失的有形或无形的品质。我们可能会通过寻找一位亲密伴侣、一份新工作或者是一个新家的形式来寻找圆满和幸福感。在人生的后半段，我们对所缺失那部分的渴望往往会变得越发强烈。我们会恍然大悟，意识到人生苦短，间不容砺。因此，我们往往会着手重新安排一些外部事务。这些改变确实会暂时分散我们的注意力，但我们真正需要的其实是意识层面的改变。

通过几小时的清明意识（lucidity）之旅，我们可以看清或实现人生中场仍未体验过的生命。卡斯托尔和波吕克斯的故事将告诉我们，"活出自己，如其所是"这一崇高的目标是如何来实现的。

卡斯托尔和波吕克斯的故事

卡斯托尔和波吕克斯两兄弟是斯巴达王后勒达（Leda）的儿子。在最早的希腊神话中，他们二人起初被叫作卡斯托尔（Castor）和波吕丢克斯（Polydeuces），但后来他们被称为卡斯托尔（Castor）和波吕克斯（Pollux），在故事中我会沿用这两个名字。

海伦（Helen），那个在历史上因引起特洛伊战争而闻名于世，其美貌足以让千舰齐发的女人，便是他们的妹妹。海伦第一次从斯巴达被掳走后，年轻的英雄卡斯托尔和波吕克斯迅速赶来营救她。卡斯托尔素以驯马和驭马为人所知，而波吕克斯则以他精湛的拳术而闻名。他们二人因最炙热的感情而结合在一起，他们在所有的任务中都不离不弃。

虽然形影不离，但卡斯托尔生来就是凡人，而波吕克斯则是长生不死的。最终，他们长大成人，做了一件在古代任何一个男孩儿都梦寐以求的事：他们完成了必经的成人仪式，一起奔赴战场，并肩作战。他们还共同发明了古希腊第一支战舞，并将其作为一种仪式帮助战士们更好地投入战斗。

他们美丽的妹妹海伦被雅典英雄忒修斯（Theseus）掳走并带到位于希腊南部的阿提卡，这是兄弟二人在战争中遇到的第一个重大考验。忒修斯曾发誓要娶宙斯的女儿为妻，他的目的便是囚禁12岁的海伦，直到她长到可以成婚的年龄。50岁的忒修斯把海伦关在家里，由他的母亲埃特拉（Aethra）照看。然而，这对孪生兄弟因此勃然大怒，立即出发去营救他们的妹妹。他们把海伦安全地带回了斯巴达，甚至还在雅典立了一个与忒修斯争夺王位的竞争对手。回到斯巴达后，卡斯托尔和波吕克斯二人被视为得胜归来的英雄，人们还为他们举行了盛大的文化节庆典。埃特拉则被迫成了海伦的奴隶。

这对兄弟在战争中大获全胜，但在爱情方面就没那么幸运了。在参加一次婚宴时，卡斯托尔和波吕克斯二人分别爱上了少女菲比（Phoebe）和希拉伊拉（Hilaeira），并与她们私奔了。不幸的是，这两位少女早已许配给了这对主人公的表兄。表兄得知此事之后当然非常愤怒，于是便驱逐两位英雄离开斯巴达。卡斯托尔在一场战斗中被杀死了，因为他生来是凡人之躯，所以死后要被打入冥府。波吕克斯也在打斗中受了伤，但他的父亲宙斯用一记雷电消灭了敌人，救了自己的儿子。战斗结束后，波吕克斯发现了卡斯托尔的尸体，他恳求宙斯允许自己和心爱的孪生兄弟一起死去，但由于自己的不死之身，他未能如愿。

波吕克斯含泪向卡斯托尔告别，陷入沉重的悲痛之中。波吕克斯从未与他的孪生兄弟分开过，他发现很难一个人独处。那些日子对波吕克斯来说充满了凄凉、痛苦和寂寞，他整日被极度的空虚和思念所折磨。

最终，波吕克斯实在难以忍受失去另一半的生活。他因失去卡斯托尔而悲痛欲绝，甚至欲冒险进入冥界。

因此，我们的两位主人公都充满了潜力和能量，却在分离中伤心欲绝。他们一位在天堂，一位在冥府。他们二人不甘的哭喊声回荡在整个世间。最后，在极度痛苦中，波吕克斯无奈地恳请宙斯并达成妥协：他能否在冥界与卡斯托尔共度部分时光？

宙斯为他们的兄弟之情和浓烈的思念之心所感动，于是他与冥界之神哈迪斯达成了协议。这样，这对分离的兄弟就可以在一起了，他们将在冥府中度过一半的时间，另一半时间在奥林匹斯山上与众神生活在一起。

起初，这似乎是一个合理的妥协，看起来也是一个可行的解决办法。卡斯托尔和波吕克斯竭力让自己接受这种安排，他们似乎在一段时间内生活得相当不错。但最终他们发现被迫生活在对方的世界都令自己太过痛苦了。凡人青年卡斯托尔在奥林匹斯山上众神的住所里过得并不舒服，而拥有不死之躯的波吕克斯在冥府里也永远无法获得安宁。无奈之下，他们二人只能再次回到宙斯那里，告诉他这样的安排并不足以解除他们的分离之苦。

宙斯也很难找到一个更好的解决办法，因为将凡人和神区分开来的法则已然根深蒂固。但是，过了些时日，宙斯还是妥协了。他提出了唯一的解决办法：真正意义上的合体——他赋予凡人青年卡斯托尔永生，用更强大的意识使他得到净化（sanctifying）。然后，宙斯把他们二人升上天空，成为双子星座，他们成为一个统一体的两个组成部分，作为指引星永恒地相拥在一起。

"未竟人生"议题的心理原型

这个故事将我们每个人内心深处的痛苦体验鲜活地呈现出来，

而且给出了可能的解决方案。所以我希望你能够将其当作一个原型来看待，把它作为一种指引或路线图，引导你自己走向圆满的旅程。我们现代人同样也面临着卡斯托尔和波吕克斯所经历的矛盾和分裂议题。

在孩提时代，我们的生命原本是完整的存在，在上天的恩典下，年华老去后，我们又回归合一（unity）。然而，在这个过程中，有一段分裂、挣扎和异化的痛苦经历。在成年早期，我们致力于发展职业或专业领域，增强谋生的能力，学习社交礼仪，培养人际关系。这是一个向外扩张的阶段，因为成熟的力量引领着我们成长，也引导着我们不断发展与外在世界打交道的能力。正是在这一过程中，我们逐渐形成一种身份认同，称之为"自我（ego）"。

我们必须非常勤奋地工作，直至筋疲力尽，方能让自我意识在现代社会生活中功能良好。要促进这种意识，需要整个教育系统和所有社会化进程的参与，我们整个社会也高度投入这场奋斗中去。然而，在成长为分化的成年人（differentiated adults）这一过程中，我们不可避免地会变得分裂，这便赋予了我们两种人生，一种是体验过的生活，另一种则是不曾触及的未竟人生。大多数心理疗法是为了给那些受伤的人包扎止血，然后再把他们扔回到跟自己对立两极（oppositions）的斗争之中。这些疗法可以指导人们如何更好地适应社会：更善于赚钱、更自律、更尽职尽责、更具性价比。即便这些疗法取得了不错的效果，成功让一个人重新回到激烈的角逐之中，但假以时日，你会发现他们在这一切的重压之下仍然会趋于干枯耗竭。

在人生的后半段，我们需要活出真实的自己，实现更完整的人生。我们最初仍然是通过重新安排外部环境来做出相应的改变，但其实这种分裂是我们内心的问题。人到中年，这是一种从如日中天到日薄西山式的转变，它会要求我们重新评估自己旧有的价值观。在生命的前半段，我们一直忙于构建自己的人格结构，却忽略了它其实是根植于不断变化的生命流沙之中的。

天地万物相生相克，因为一切事物都基于一种内在的极性（polarity）、一种能量现象而存在。只有具备高与低、热与冷这样平衡的过程，方能产生能量。人类意识所体验的一切都是以对立两极的形式出现的。你在生活中做过或经历过的任何事情，总能在无意识中找到相应的未曾经历过的对立面。这确实令人难以承受，也不公平，却是真相。

我们通常需要经历态度上的彻底转变，才能深刻地平衡自己的生活。我们要做的是将意识人格与未竟人生中的核心能量加以整合，这便是中年机遇背后的动力。我们在自我意识上的分化和专门化愈演愈烈，已经到了再也无法承受的地步。在人生的后半段，我们被迫要审视自己曾赖以生存的"真理"，甚至要承认它们的对立面其实也蕴含着真理。当然，完全没有必要担心我们成年早期所信仰的那些真理和价值观是毫无意义的。它们仍然有其意义，只不过此时已经变得相对不适应了——它们不再是放之四海而皆准的。然而，放弃现代社会生活中所固有的分裂，这似乎会让我们陷入混乱和相对性的旋涡之中，我们最珍视的一切都将终结。

要想成为一个完整的人，需要认识到我们有一个自我的部分，它会指引着我们履行世俗层面的责任；而与此同时，在我们内心也存在某种精神性的火花。这两种品质似乎渴望找到彼此，它们想再度合为一体，一如往昔。

我们与双子星座的内在关联

现如今，越来越多的人觉得好像拥有另一半的自己，甚至就像神话中所描绘的那样，一部分是尘世的、务实的，另一部分则更多是活在另一个世界，一种近乎精神性的存在。或许，这与我们所说的物质世界以及人类世界对高尚和理想主义的一面，即对精神家园的深切渴望有关。相信这世间一定有灵魂伴侣的存在，这是我们寻找自己迷失的另一半的佐证。

双子星座的神话故事给出了问题的解决之道，但太多的现代人仅仅停留在故事的前半部分。他们试图去寻找那些至关重要的部分——那些虽不曾体验过但凭着直觉知道一定存在于某处的重要部分，最终却只能在孤独和无意义中死去。

练习：审视自己未曾体验过的人生

请花点儿时间思考以下这些问题：

● 你会给自己的人生故事起什么样的标题？

● 你生命中最关键的十字路口或转折点是什么？

● 你在何时何地经历过重大丧失和失望？

●你曾经放弃了哪些机会或错失了哪些选择？

●你拥有什么样的友谊？你是一位好的伙伴吗？

●在关照自己和照顾他人之间，你可以做到游刃有余吗？

●你的哪些天赋或能力尚未被发挥出来？

在本书末尾的附录中，你可以找到一份"未竟人生清单"[1]，它旨在帮你了解此刻自己的人生状态，以及还有哪些潜能尚未发挥出来。这么做不是为了将你与其他人进行比较，也不是为了替你开出处方，告诉你应该怎么做。这些问题的答案从外在、内在、深层和精神性这四个不同维度上让你对自己的经历有个大致的了解。你可以花点儿时间填一下问卷并计算得分，之后，再反思一下自己的生活经历。

做这个练习的好处在于，它能帮助你意识到哪些是你未曾经历过却又迫切渴望的事情。然后，你就可以着手行动起来了。

---

1 "未竟人生清单"以罗兰·埃文斯（Roland Evans）最初开发的问卷为基础，在他的帮助下进行了修订，供大家参考使用。其他一些有价值的相关治疗工具，请参阅埃文斯的著作《寻求完满：洞察经验之谜》（*Seeking Wholeness: Insight into the Mystery of Experience*，科罗拉多州博尔德：阳光出版社，2001年）。

第二章

成长中的分裂历程

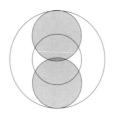

我们每个人皆有特定的身世背景、姓氏名字，我们的生命便是如此成长起来的。在生命之初，我们会借由周边的集体力量来指引自己发展的方向。这种认同其实是缺少自由的，因为有太多的决定实则并非出自我们本人的意愿，而是受到了家庭、社会以及传统的支配。我们与自己父母的关系便是一个最初的源头，它为我们后来所有的关系定下了基调，当然，我们所处的文化环境同样也影响并塑造着我们成长为什么样的人，影响着哪些部分必须被贬入内心深处，成为我们无法触及的生命体验。

我们每个人身上得到支持和被压抑的品质都各不相同。一个天真可爱的小女孩儿在校园会享有特别的关注和机会，与此同时，她其他方面的能力却处于休眠状态；一个体格高大强壮、身手敏捷的男孩儿成为一名运动员，他或许会因此获得某些社会特权，而其他的才能则就此被埋没；一个天生身材丰满的女孩儿在一个骨感的班级里会特别显眼，甚至可能成为他人笑话和评论的焦点，这无疑会加重她的羞怯和愤恨感。无论是那些先天有身体缺陷的孩子、满脸粉刺的青少年、生活在观念偏狭社区里的少数族裔，抑或喜爱读书的聪明孩子，实际上，所有的人都面临着各种挑战，这些挑战会使他们个性的某些方面脱颖而出。

我们的长相、我们回应他人的方式、我们与生俱来的特质及其与父母师长特质之间的"契合度"、我们的性别、我们的社会阶层——所有这一切都对我们要经历什么样的人生、什么又是无法体验的人生有着巨大的影响。

每一种文化都会潜移默化地向其个体灌输某种片面性的价值观。

即便是被视为西方文明之灿烂瑰宝的古希腊文明，他们也仍然把那些不会说他们语言的人称为野蛮人，因为他们发出的声音在古希腊人的耳中是令人无法理解的胡言乱语。文明教化的功能之一就是规定哪些内容应该受到关注、哪些该被忽略。我们学会接受一些事情，同时也忽略另一些事情。

所谓智能（Intelligence），用现代社会的标准来衡量，就是学会关注"正确"的事情。我们就是以此来度过自己的一生。孩子们会把文化所青睐的或被人认为是好的品质附加到有意识的人格中，而其余部分则落入未竟的生命里。通常来说，这些都是相当随机的。

就拿礼仪为例。如果我在餐桌上很大声地打嗝，这在西方文明中被视为没礼貌。打嗝原本不过就是人体自然的生理反应，却被社会化排斥在外，被推到了人格天平的左侧。在亚洲的许多地方，如果你在用餐结束时不打几个饱嗝，就表明你对食物不太满意。有相当多的习俗都与此类似。在一些地方，将头部裹住是一种荣誉的象征；而在另一些地方，裸露头部才代表着荣耀。有些地方是绝对禁止光着脚进入寺庙或宗教圣地的，如果你不穿鞋便堂而皇之地走进罗马圣彼得大教堂，你一定会被赶出去；而在印度的任何一个村庄，你都不能穿着鞋子踏入印度寺庙。

西方社会十分推崇分门别类的专业化，因此特别注重发展思维功能。我们经常会问：你学的是什么专业？专精某事意味着集中精力和能量，将其投注到特定的才能天赋之上。一个人会从其他才华那儿攫取能量专攻某个被其选中的（又或许，更大的可能是，这是其他人替你选定的）领域。在西方文明中，我们会被训练该如何思考，因思考而获益，并因思考能力而取得荣耀。在人类技能的层级结构中，思考功能目前仍高居榜首，而感受和情绪功能则不那么受到重视。在诸如印度等传统社会的文明中，则会更重视感受这一品质。

我们自然愿意相信与生俱来的东西就是正确的，但是，在大多数情况下，这其实都是重要的他人为我们决定的结果。

先辈的影响

了解卡斯托尔和波吕克斯出生的时代背景是理解二人命运的关键所在。传说众神之王宙斯在世间流连，寻找自己心仪的美丽少女，一如往常。作为一位全能之神，他自然有办法降服一个名叫勒达（Leda）的美丽女子。勒达不是希腊名字，但在小亚细亚，它的意思是"女人"。因此，我们也可以说，女人与身为神的配偶结合之后，孕育了一对龙凤胎。当天晚上，勒达晚些时候又和自己在人间的丈夫斯巴达国王廷达瑞俄斯（Tyndareus）发生了关系。在这凡人之间的结合中，勒达同时孕育了另一对龙凤胎。

最终，勒达生下了四胞胎：其中一对龙凤胎拥有神的父亲和凡人的母亲，另一对则拥有凡人的双亲。勒达与宙斯结合所生的孩子取名为波吕克斯和海伦，而那对凡人龙凤胎则取名为卡斯托尔和克吕泰涅斯特拉（Clytemnestra）。这样一来，勒达的孩子们就有了天界和凡人之别。虽然存在差异，但是从这两个女儿的故事中可以看出一种类似的发展。不过，我们的重点会放在这对兄弟，也就是卡斯托尔和波吕克斯二人身上。

我们可以看到卡斯托尔和波吕克斯所要面对的核心问题早在他们出生之前就已经存在了。其中一个男孩儿不得不遵循人世间的现实文化准则，而另一个则难以逃脱天界理念和法则的约束。这是自然而然的，因为他们的凡人母亲勒达身上也存在类似的分裂，即她的忠诚在宙斯和廷达瑞俄斯之间摇摆不定。勒达携带着孪生与分裂的种子。

瑞士精神病学家卡尔·荣格（Carl Jung）曾写道："一个孩子所必须承受的最大负担，是其父母未竟的人生。"他的意思是，我们的照料者在成长过程中困在何处以及如何受困，亦会成为影响我们的一种内在模式（internal paradigm）。我们经常会发现自己其实正在处理父母未曾解决的一些议题。我们不时会重复父辈们的模式，又或者我们会反抗并试图反其道而行之。有趣的是，无论是逆反还是顺从，所产生的制约实际上是一样牢固的。因为无论以哪种方式来应对，我们都会受到来自先辈们的限制和束缚。也许这一事实便隐含于《圣经》那句古老的训诫中："必追讨他的罪，自父及子，直到三、四代。"[1]

我们对这样的情况再熟悉不过了：雄心勃勃的星妈为了实现自己成为演员的梦想，从女儿5岁时就把她推入选美比赛；有的父亲为了实现自己的运动员幻想，强行让儿子加入少年棒球联盟，结果损害了孩子的成长发展。这就是未竟人生在代际间无意识传递的最鲜活的例子。一旦我们不自觉地服务于父母的野心、计划或局限性，我们便成了过去的囚徒。

大多数父母会倾其所能来抚育后代，但是照料者的角色很容易就会变成控制孩子人生的借口和手段，父母行为背后总是隐含着其无意识的幻想和动机。比如说，他们可能会想要你实现一些他们自身错失的事情。这是一笔不言而喻的交易："如果你做了我认为正确的事情，我就会爱你，但是你绝不能令我失望。"

如果父母无法忍受自己孩子身上的某些品质，那么，我们极大可能也无法在父母本人身上看到这些特质。我曾有一位来访者，他的父母不允许他表达愤怒，即便他经常会因为一些莫须有的不当行为（alleged misdeeds）而挨揍。他的母亲是一名基要主义基督徒。她坚信愤怒和性欲来自魔鬼的引诱，自然也就将其归入生命的禁区。为了拯救自己的儿子，她不得不痛下狠手将这些品质从他身上驱逐出去。可想而知，这个可怜的男孩儿成年后对这些议题会变得极其

1　该段文字引自《旧约圣经·出埃及记》34：7。——译者注

神经质。他时常滥交，内心被压抑的愤怒仿佛一座随时要爆发的火山，导致他前两次婚姻都以失败而告终。承袭于自己的原生家庭，他会习惯性地压抑内心的本能，而这些特质总是在最不合时宜的时候爆发出来。

　　让我们再来看另一个例子。南希（Nancy）找我咨询她的婚姻问题。她的丈夫和青春期的女儿一直都忽视甚至贬低她对他们的照料。多年来，她始终为自己总是牺牲个人需求以胜任贤妻良母的角色而引以为豪。而这两个南希口中的"白眼狼"如今却指责她让他们难以忍受，这何其讽刺！她在咨询室中的举止十分紧绷，焦虑不安，控制欲极强。这位中年妇女不断地念叨女儿的成绩、交友以及练钢琴这些事情。可这一切的出发点都是善意的。回顾她自己的童年，南希记起15岁时，她目睹了自己母亲中年的一些风流韵事。她妈妈抛弃了家庭，提出离婚，然后和一连串年轻男人去约会，这令所有人蒙羞。"我发誓自己绝不会像她那样"，我的这位来访者说道。回忆起这些陈年往事，她愤愤不平，泪流满面。同时这也让她意识到，她已经让自己的性格朝相反的方向倾斜了。讽刺的是，南希一心想要成为一位完美母亲，这使得她放弃了拥有自己人生的机会，这一点她的丈夫和女儿都看在眼里，也提出了明确的反对。对父母行为模式的反叛和对抗，其实跟模仿一样，都会让人画地为牢。在这两种情况下，当前的体验都受到了旧有模式的扭曲和羁绊。

　　假设你成长于这样的家庭之中：你的父亲脾气暴躁、行为粗鄙；相反，你的母亲却过度敏感，压抑情绪，不露一丝端倪。在这样的环境中长大的孩子无法同时效仿双亲。一旦生气或感到压力，他就会被两种对立的反应所拉扯，直到最终做出抉择，其中的一方胜出，在其人格中占据主导。与此同时，另一种人格特质就被压制了，但它仍作为一种潜力存在，被加入不断增长的未竟人生清单中。当遇到巨大压力的时候，这个人通常就会转到对立面，而那些一直被压制的特质就会以一种僵化而缺乏适应性的方式展现出来。

因为儿童天然会模仿自己所看到的东西，因此，不良的成人示范也会令我们的选择受限。孩子会内化关爱、自信、快乐的父母特质，不幸的是，孩子同样也会内化虐待、惊恐、抑郁的父母特质。我们的大脑能够通过模式化的原型（patterned prototypes）来组织自己的经验，这既是它的长处，也是它的弱点。早年经历的一系列持续性的体验会在儿童的心智当中植入限制性概念（limiting generalization），因此，我们会将事物分裂开来。然而，那些被我们分裂出去的部分终究会在我们自身之内找到。作为孩子，我们很难判断更大的外部世界是否会按照从家庭的情感缩影中所归纳出的模板来运行。这样的情况在人的前半生是无法避免的。然而，只要心灵无意识地、不加选择地服务于他人的野心、计划和制约，我们便难以实现自身的潜能。最终，我们将会得到召唤前去梳理内心中的这个谜团，找到真正属于自己的道路。这个梳理过程也就是进入一个更为开阔的成人状态，这也便是人的后半生最弥足珍贵的成就了。

我们所有与生俱来的优缺点都会跟先辈们各式各样的模式相互

影响。我的另一位来访者罗恩（Ron）告诉我，他的父母是从苏联移民过来的。"他们是俄国人，骨子里满是无政府主义精神。而我的祖父是德国人，我身上也流淌着他的血脉。我能感觉到我内在有他的那部分严谨性，也就是对秩序感的需求。有时候我会感到愤愤不平，不过接着我会说算了吧，然后俄国血统，也就是安于劳作的农民血统胜出了。因为我们不得不劳作。"

有时候，未竟的人生似乎会神奇地跳过某一代人而延续下来。我有几位来访者是"二战"大屠杀幸存者的孩子。他们的父母拒绝谈论在战俘营的那段经历，但是这些子女来找我是因为受到绝望、内疚以及严重抑郁的折磨，而这些体验似乎与他们目前的生活处境并无关联。"仿佛我必须去感受那些对他们而言过于沉重而无法承受的悲痛"，其中一个来访者这么对我说。

有些人似乎特别具有弥补周围人片面化意识的特质。极端情况下，他们可能成为替罪羊：有的孩子会成为家庭中的"害群之马"。毕竟每个家庭都有一处用来存放未竟人生的角落。

在同一个家里的兄弟姐妹之间有可能出现一些有趣的现象：一个孩子可能具备过量的某种特质，而另一个手足身上则会有过量的相反特质。结果，你的兄弟姐妹经常会拥有你在接下来的人生中所需的东西。通常我们看到家庭里两个兄弟姐妹间互相看不顺眼，但是到了成年以后，如果他们带着足够的觉察来涵容对方，那么，他们会发现自己的人格所需要的恰恰就是他们手足所擅长的那些特质。

西格蒙德·弗洛伊德（Sigmund Freud）曾说过，没有人会真正原谅那个给他们带来文明的人。因为文明教化的过程会带来不可磨灭的影响、伤痛和束缚。但是，如果你不教化年轻人，而是将他们遗弃在自然世界里放任自流，那将是更为糟糕的灾难。所以说，一定程度的疏离和怨恨是不可避免的——这是觉知的代价。

如果你正在养育孩子，那么对你自己未竟的人生保持一份觉知便是你能留给孩子最宝贵的财富。如果你希望给自己的后代最好的礼物，那就好好处理自己未曾经历的人生体验。我们对他人所做的伤害性最大的事情之一，就是让其背负着我们自己的无意识内容，然而这恰恰就是我们所有人都会犯的错。我们所能做的最好的事情就是对自己的内在故事有更为明晰的觉知，从而能够更加深刻地理解我们自己和他人。

奔赴战场

正如我们所见，卡斯托尔和波吕克斯二人从孩提时代开始就一直是形影不离的好朋友，但是随着意识发展，总是会出现分裂。我们年幼无知时，分裂对我们构不成大问题。卡斯托尔和波吕克斯起初生活在无忧无虑的伊甸园，而这只是意识初始之际，因此也鲜有心理困境。然而，一旦成熟带着复杂的意识到来，战争就开始了。

古希腊人认为驰骋沙场、建功立业才是好男儿的最佳归宿，尤其对卡斯托尔和波吕克斯这样的兄弟来说。男孩儿们在斯巴达竞技赛上接受作为运动健儿的考验，为人生的战斗做准备。斯巴达竞技比赛是古斯巴达最神圣的赛事，这是一项堪比奥林匹克运动会的事关身体和情感实力的壮举。这样的竞技被当作了为了应对成熟挑战而进行的绝佳训练。

当来自敌国雅典的忒修斯（Theseus）将原本许配给斯巴达国王梅内利奥斯（Menelaus）为妻的海伦（也就是卡斯托尔和波吕克斯的妹妹）掳走时，对卡斯托尔和波吕克斯来说，战争的号角便正式吹响了。兄弟二人应召出战，并最终成功将他们的妹妹安全带回斯巴达[1]。

这个故事跟现代生活又有何关系呢？我不禁感慨：倘若心浮气躁，何来片刻安宁？

心理发展一定会让我们产生冲突，也就是内在世界的战争。这些内在的战争因人而异，不过共同的特点总是正义与敌人、善良与邪恶、自我与他人、"这个"与"那个"之间的冲突和抉择［"抉择"（de-cision）一词蕴含切掉之意，就像"切口"（incision）一词具有切断之意］。这些冲突不可避免地会带来分裂和焦虑。这样一来，我们的自我只能借由对立两极的视角来感知现实，我们的语言和思维方式也就成为二元对立的了。

终其一生，我们会面临不计其数的抉择：有些简单或者无关紧要，有些则比较棘手或影响深远。这些抉择从你早上醒来那一刻便开始了：要穿这件衣服还是那件？今天要去锻炼还是保存体力专心工作？午餐要吃甜点还是继续节食呢？

---

1 最终海伦成为斯巴达王后，多年后又被帕里斯（Paris）掳走并因此引发了特洛伊战争。

似乎我们无法不被割裂、保持完整地度过这一生。而正是这种可实现与不可实现之间的割裂，方才使我们在这个二元世界中的身份得以巩固。人类意识所经历的一切都是以对立两极的形式出现在我们面前的。

　　另一个耳熟能详的故事《伊甸园》，它所讲述的是智慧树结出的果实能分辨善恶。从意识中出现的核心冲突总是如出一辙，尽管在不同的故事中会有无穷无尽的变体。世界成为两军对垒的战场，而自我则总是被夹在中间，要做出抉择。

　　其实我们每个人每天都要动身奔赴战场：去工作，应付家务琐事和孩子们的要求，无休止的对立会使生活陷入困境之中。而神经症指的就是个体同时拥有两种相互对立的想法，通常其中一种是有意识的，另一种则属于无意识层面的。

　　战争最终导致卡斯托尔和波吕克斯之间彻底地分离，这种分裂也正是我们大多数问题的罪魁祸首。你生活中面临的每一次对立、每一次冲突以及每一种人生可能性基本上都属于双子星座的两难困境议题。

　　我称之为"战争"的，其实就是我们一般人意识中的二元对立性。假如你仔细观察一个孩子的成长历程，你便会看到以自我为中心的人格是如何逐渐发展起来的。自我将世界分成主体和客体。"我看到了这个。"这个主体的"我"通过观察和模仿他人而获得成长。

英雄崇拜与未展现的潜能

我们可能会在某位年长的兄弟姐妹、好友、师长身上看到自己的潜能，而那个人就成了我们人生意义的化身。承载着我们潜能的人对我们来说便是英雄，他们的一颦一笑都会牵动我们的内心，让我们顷刻间体验到或是坠入地狱或是飞升仙境，意义的力量便是如此强大。

双子星座的故事中充满了对英雄的崇拜，这让人不由得想起，我们年少时往往都是通过模仿他人来逐渐理解和接纳这个世界的。金羊毛是金公羊身上的毛，被一位女神送到人间。据说它藏在遥远的科尔基斯大陆的一棵神圣的橡树之上。在伊阿宋（Jason）要去寻找这一稀世珍宝的消息在古希腊不胫而走之后，卡斯托尔和波吕克斯骑着白马良驹从斯巴达千里迢迢地赶来，率先加入这场冒险之旅。

为了完成这场伟大的海上航行，他们建造了一艘巨大的船，取名为"阿尔戈（Argo）号"。阿尔戈英雄们一路上的途经之地我们在这里就不一一赘述了。但有一次，他们在一个遥远岛屿的海滩上生火时遭到了敌人的袭击。一位名叫阿米库斯（Amycus）的国王威胁要杀死所有的阿尔戈英雄，除非有人愿意和他一战。

波吕克斯在年轻时的身手就已经名闻天下，而且他还传授了更年轻的赫拉克勒斯（Heracles）格斗之术。但是当众英雄被阿米库斯及其手下的比布里奇族人（Bebrycians）围攻之时，这位希腊第一勇士却不见了踪影。所以白皙、轻盈的波吕克斯只能挺身而出，与黝黑、魁梧的阿米库斯一决高下。只见这位异国君王踮起脚，身形显得更加高大威猛，他想要挥出一拳，直击波吕克斯的头颅。而波吕克斯则侧身躲过，只在肩膀上挨了一拳。紧接着他也挥出一拳，阿米库斯被这记重拳打中，跟跄之后倒下了。"你看到了吧，"波吕克斯说道，"我们有多遵守你的规则。"

阿尔戈英雄们欢呼雀跃，但就在这时，比布里奇族人举起棍棒向他们冲了过去。希腊英雄们只好撤回到"阿尔戈号"上。突然，赫拉克勒斯现身了，他从森林里出来，手里挥舞着一整棵带着枝叶的松树。比布里奇族人被波吕克斯的弟子展现出来的神力威慑到了，赶紧带着他们倒下的国王匆忙撤退了。

阿尔戈英雄们纷纷围在波吕克斯和赫拉克勒斯身边，为他们的大获全胜而向他们致敬，并为他们戴上象征着胜利的月桂花冠。波吕克斯也十分明智地感谢了众神的帮助（这为赫拉克勒斯树立了典范，在解锁新技能释放神力的同时，还要秉持谦逊的美德）。

我们每个人小时候都会有崇拜的英雄，他们身上具有我们所不具备的能力。这些英雄有可能是运动员或明星，但通常来说，更多时候会是我们生活中随时能接触到的某个人。对一个10岁的男孩儿或女孩儿来说，往往会把家住街尾的那个12岁孩子当作自己的英雄。这个10岁的小孩想要模仿年长的孩子：他会学着他走路的样子，她也会模仿她穿衣打扮。我们都知道时尚的力量，尤其时尚是如何席卷青少年群体的。从鞋子的款式到发型，所有这些都是你必须具备的。这便是一种英雄崇拜。年轻的时候，我们需要借助投射把我们带入生活之中。

两年后，当10岁的小孩长到12岁了，他（她）身上就具备了曾经被投射到12岁孩子身上的那些特征了。这些潜能得到了内化和实现。现在他（她）又会开始崇拜一个14岁的孩子，又有一个新的梯子要攀登了。

我自己年少时的英雄崇拜如今仍历历在目，因为这种感觉太过强烈了。阿尔伯特·史怀泽（Albert Schweitzer）[1]是我心目中的大英雄，他是一位音乐家、人道主义者。我喜欢听他的唱片，我还读到过他关于重新编排巴赫（J. S. Bach）独奏会的想法，他认为巴赫的作品应该缓慢而慎重地来演奏，其中要有大量的装饰音以及对细节的关注。我对阿尔伯特·史怀泽的一切都如饥似渴。后来，我做了一个冲击力极强的梦，在梦中我把他吃掉了。梦里，我咬住了史怀泽的皮肉，大快朵颐。这个梦实在是太令人震撼了，以至于我都不敢让人知道。当我把这个梦告诉早年的导师时，他很有耐心地解释道："不用焦虑。这意味着你将会成为阿尔伯特·史怀泽，是通过某种方式来实现。所有英雄都需要外化。它们是你内在即将成熟，呼之欲出的潜能。"我依然笨拙地模仿着阿尔伯特·史怀泽，而这也成了我后来所获得的力量。这个时候，其实我也是在向我自身潜在的伟大本性学习，而史怀泽博士则是它的化身。

最终我可以很好地认识到自己未展现的潜能，而不再总是将它

---

1 阿尔伯特·史怀泽（Albert Schweitzer，1875—1965，又译"施韦泽"）是20世纪著名的学者以及人道主义者。他的才华横跨哲学、医学、神学、音乐等诸多不同领域，他创立的以"敬畏生命"为核心的生命伦理学是当今世界和平运动、环保运动的重要思想来源。阿尔伯特·史怀泽于1952年获得诺贝尔和平奖。——译者注

们投射到某个英雄身上。史怀泽是一位了不起的音乐家，他可以用震撼人心的方式来演奏巴赫的音乐，也出版了一部关于管风琴制作方面颇具影响力的著作。而我则学会了制作古钢琴[1]，成为一名业余的音乐家，尽管我主要是为朋友和家人们演奏。史怀泽曾在非洲从事医疗传教工作，他是一位伟大的人道主义者。在他的榜样鼓舞下，我尽自己最大的努力去探寻内心的工作，并与他人分享我的发现。我曾在印度生活多年，在当地过了19个冬天，尝试将两种截然不同的文化精髓融会贯通。

当然，从社会角度来看，并非所有被投射和效仿的潜能都是美德，我们也不能将童年过度理想化。在年长的孩子、文化典范、成年人的引导下，儿童也能学会霸凌、污言秽语、残忍、恐惧、贪婪，还有许多其他"反派"或不良的品质。当年轻人互相煽动，并将漠视他人甚至对人有害的行为和价值观赋予英雄般的地位时，就会产生帮派行为。并非所有源自无意识投射的内容都是美好的。

爱情与未竟人生

对我们至关重要的是，要认识到英雄崇拜是另一种原型体验的先驱，这种体验会在我们每个人身上滋生或消退，那就是：爱情。（荣格将能量形成的普遍模式或蓝图称为"原型"，Archetype。其

1　古钢琴是钢琴的前身，它是16世纪佛罗伦萨的乐器师发明的。在巴洛克时期，古钢琴是仅次于管风琴的最大的键盘乐器，所以也称为"大键琴"。——译者注

希腊语词根是arche，意思是"最初的"或"本源的"，typos的意思则是"模式"或"类型"。）到了青春期或成年初期，我们会开始通过寻找爱情伴侣这一方式来让自己趋于完整。英雄崇拜演变为通过崇拜灵魂伴侣来寻找我们所缺失的部分。令人痛苦的事实是，许多被人们当作爱情的东西实际上是由我们自己不曾体验过的未竟人生反射回来的错觉。

让我们花一点儿时间来回顾一下自己的亲密关系。初次见面时，你爱人身上的什么品质吸引了你？是什么让他大放异彩？我们在未来伴侣身上最欣赏的品质其实是我们自身那些已然成熟而未实现的潜能。当我们生命中某种新的可能性觉醒之时，我们往往会先在另一个人身上看到它。我们身上曾被隐藏的那部分如今呼之欲出，但是从无意识通往意识的道路却并非坦途，而是蜿蜒曲折的。我们将自己正在不断成长的潜能投射到其他人身上，于是这个人顷刻间就令我们神魂颠倒了。如果我们发现另一个人光彩夺目时，这便是端倪，意味着我们内心的某些东西正试图发生改变。

这便是成长的路径。但是假如我们对自己未曾触及的人生混沌无知的话，我们的投射就会逐渐侵蚀亲密关系。随着关系进一步发展，我们往往会要求另一半来填补我们所缺失的那些部分，而不是有意识地利用亲密关系来促进彼此的成长。当时无人察觉，然而，情爱掩盖了被爱之人的真实人性，因为我们真正看到的其实是我们自己刚刚萌发的潜能。而恰恰是由于我们未能及时将目光收回己身，我们将未完成事件付诸行动，在我们声称所爱之人身上又重新活现了旧日的伤痛。这便是为何我们常常不公地要求伴侣负责承载我们自己所未实现的部分。深入体察我们赋予对方的部分，我们便能了解自己的内心和意义。

爱情，从自我中心的角度来看，就是找到一个可用之人。"我爱你，因为你对我有益，你使我变得完整。"我曾听一位来访者说她之所以和丈夫分手，是因为"他再也无法满足我的需求了"。如今她想要利用其他人来继续满足自己的需要。而真正的爱恰恰与之相反，爱是要对自己以及所爱之人有真正的理解。这是生而为人能够实现的真正意义上的结合，否则，一切都不过是各取所需的交易而已。人们往往将恨视作爱的对立面。可实际上，爱的对立面是权力。真正的爱需要对他人有深深的认同，而权力则是为了实现一己私利而控制他人的欲望。

在我们的文化中，相互投射被视作婚姻的前提。

我们理所当然地认为我们会跟所爱之人步入婚姻的殿堂，但是随着时间的推移，我们发现事实并非如此。所谓坠入爱河，就是把我们最深刻的、未实现的那部分人生交付给另外一个人，让他帮我们孵化（incubate）一段时间，待到瓜熟蒂落之时，做好准备的我们再把它取回来。然而，亲密关系要想修成正果，到了一定时候，伴侣双方都必须收回各自的投射，重新面对自己不曾触及的未竟人生。

可遗憾的是，随之而来的往往是幻想的破灭。"你不是我曾以为的那个白马王子。""早晨醒来后的你根本不是我心中的那位公主。"

最近有一位极为坦诚的年轻人在向我解释他提出离婚的原因时

说："我已经不再爱她了。她再也无法满足我的灵魂了。"我忍不住回应道："好吧，那你原本的期待又是什么呢？"

我们需要明白，希望其他人来承担我们未能实现的人生，这种期待只能在一段时间内暂时行得通，也就是等我们变得强大起来，终有一天这一切都会结束。在这方面我们并不明智，这是我们文化中最令人痛苦的问题之一。结婚六个月、一年抑或三十年以后，当这段关系"难以为继"时，我们仍然意识不到是时候该撤回我们自己的投射，是时候跟眼前这个真实的人——我们的伴侣、我们的配偶——建立起真正的联结了。

真正的亲密关系只能建立在真实人性之爱的基础上，这与男欢女爱、儿女情长或缠绵缱绻都所有不同。

浪漫情爱（Romanticism）是西方独有的，而且是从12世纪才开始的。爱情本身也并不是婚姻的基础。我们的人生、我们的关系，都是由人与人之间爱的能力所滋养的。我们坠入爱河，就把自己未曾触及的人生，也就是我们的期待，强加在另一个身上，从而掩盖了真实的对方。那么，这也并不是真正意义上的联结。

爱是人类的天赋。我们可以真正地爱着另一个人，如其所是。我们欣赏对方并感受到一种亲近感和亲密感。与此相反，浪漫情爱却会令人神魂颠倒，让我们把另一个人奉若神灵。我们请求对方为了我们成为上帝的化身，对此却浑然不知。我们的宗教（精神性）生活可以从亲密关系中得到滋养。这是一种深层的精神体验，对多数人来说是他们一生中仅有的宗教（精神性）体验，这也是上帝能够拯救他们的最后一种方式。

假如你要让关系里的另一半帮你孵化自己的未竟人生，请对自己的所作所为尽量保持觉察。如果你要求某人拥有那种崇高圣洁、光芒足以照亮暗夜的品质，你要明白，这样做会让你逐渐忘记对方也是一个活生生的人。对这一过程进行命名会有所帮助。这一步可以作为觉察的开始。为什么当我注视着这个人时会有这样的感觉？我真的能看到他吗？我是真的爱这个人吗，还是说我只是在所爱之人的身上罩上一个玻璃外罩，让真实的人从我的视线中消失而已？

大多数时候，我们对此毫无觉察。我们不曾触及的未竟人生在我们的视线之外漫无目的地游荡，不受控制。我们在关系中投射到何种程度，这是个十分严肃的问题。我们看到的是如同被镜子反射出来的未竟人生，却看不到真实的他人和外部世界。这种相互间的投射比你可能意识到的要频繁得多，所以你必须试着觉察到它，并尽你所能把它收回自身。人的前半生是靠投射来滋养的——这便是无意识如何变得意识化的方式，这就好比是寻找金羊毛的过程。如果我们没有对外投射我们的理想主义和爱，我们也许永远无法离开家。但是，在人生后半段的旅程中，我们所投射出去的价值、希望和梦想会逐渐褪去它们的神奇魔力。我们的幻想终将破灭。如果我们要收集自己遗失的碎片，变得更为完整，回归自身是一条必经之路。

练习：回归自身

在本章中，我们了解了自己的成长之路以及我们坠入爱河的过程，这些都能让我们洞察到自己内心未曾真正体验过的部分。下面的练习旨在帮助你发现自己"另一面"的发展线索，也可以说是你"遗失的双胞胎"，并在探索先辈们未竟人生的过程中为你提供支持。不妨花一些时间来尝试这些练习。请确保在这个练习过程中不要被打扰，确保你所处的是一个安静、远离外界干扰的环境。

让我们从你的原生家庭开始吧。花一点儿时间来思考下列问题：据你所知，你是如何来到这个世界上的？你的出生是个意外还是被期盼已久的？出生后的前几个月或前几年中，可能有哪些压力影响了父母对你的养育？在那个时候，你父母有什么希望和计划吗？他们的梦想因为你的出生而被推迟了吗？

面对父母没有实现的人生体验，怨恨是于事无补的。与父母对立只会强化旧的家庭模式所带来的束缚。可以试着带着慈悲心去接纳父母的不足，而不是选择跟他们对着干。他们也只不过是缺少必要的觉知来更好地面对自己的现实。反思你的早期成长环境并不是为了推卸责任，而是为了意识到那些仍在持续影响你当下体验的模式所迈出的第一步。经过反复的体验和练习，那些自动化的心理反应也许会大有不同，而且仍有可改变的可能。

很多时候，人们会因为无法得到父母的认可而深感受伤。所有人都迫切希望真实的自己能得到理解和接纳。但是假如你的抚养者做不到，那么你必须接受这样一个事实：你想要的确实无法得到。你可以坦率地问自己：他们的认可与否究竟能造成什么差别呢？当然，每个人都会想要得到赞许，但实际上，我们并不是真的非要它不可。

请花些时间来思考以下问题，可以用电脑或纸笔来作答：

●请你描述一下，在你小时候（不是现在，也不是你成年之后），你的养育者是什么样的？可以使用"疏离的""控制的""亲切的""愤怒的""关爱的""暴虐的""酗酒的"等这类词来形容。

●在你小时候，你母亲（继母、祖母或其他主要的女性抚养者）身上有哪些积极的品质？

●在你小时候，你母亲（继母、祖母或其他主要的女性抚养者）身上有哪些消极的品质？

●在你小时候，你父亲（继父、祖父或其他主要的男性抚养者）身上有哪些积极的品质？

●在你小时候，你父亲（继父、祖父或其他主要的男性抚养者）身上有哪些消极的品质？

●你父母或祖父母的人生有哪些未能实现的遗憾？他们的未竟人生对于你的人生有何影响？你又是如何为了和他们对着干而被困在他们的未竟人生之中的？

●你小时候为了应对这些困境所发展出来的策略和方法如今又是怎样变得不再有效？

现在，让我们再来看看你小时候真正敬佩和崇拜的对象，或者说，你小时候心目中的英雄。谁是你的（精神）导师？他们身上有哪些让你钦佩的品质？这些品质在你自己身上是如何体现和实现的？你可以从你所崇拜的人身上看到一点儿自己的影子吗？

最后，请回顾一下你自己的恋爱史，你就能获得无数有关自己未竟人生的信息了。回想你的初恋。他最初吸引你的是什么？那些曾经让你意乱情迷的人呢？

现在，回到你最近或目前的亲密关系。你无意识地期待对方来承担的是自己哪部分未曾触及的人生？不妨试试这个方法：找一天，把另一半让你感到失望和沮丧的内容记下来。然后看看你是否能在自己身上找到同样的品质。可以肯定的是，这是一项发人深省的练习！

在完成这些练习之后，它们会隐到背景之中继续发挥作用，你也可以将其添加到自己的未竟人生清单中去。如果你想要让效果更加显著一点儿，可以过几天从头到尾再练习一遍。不妨试试在日常活动中随时停下来，想一想你父母未曾体验过的那些人生；回忆一下自己当时有多么崇拜自己的第一任老板或学校里某个特别的教授。可以让现实生活成为时刻为你所用的探索工具，利用它来发现关于事实的假设是如何影响你的体验的。

第三章

中年：走向圆融的召唤

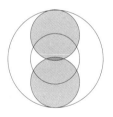

我们已经了解了双子星座孪生兄弟卡斯托尔和波吕克斯二人是如何在生与死之间痛苦轮回的故事。卡斯托尔在争夺自己新娘的战斗中丧生后，两兄弟意图共享波吕克斯的不死之身。

　　卡斯托尔死后，波吕克斯悲痛欲绝，他祈求自己亦能随之赴死。心生怜悯的宙斯允许波吕克斯与他的兄弟二人一起共享不死之身。

　　于是，众神达成了妥协，允许兄弟两人一半时间待在冥府，另一半时间可以在奥林匹斯山上生活（在希腊神话中，奥林匹斯山被认为是希腊万神殿中主神奥林匹斯十二神的家园）。

　　把一个整体一分为二，这样奇怪的要求让宙斯之子阿波罗忍不住对另一位奥林匹斯主神赫尔墨斯吐槽道：

　　"我说，为何我们从未看到卡斯托尔和波吕克斯兄弟二人同时出现过呢？"

　　"嗯，"赫尔墨斯回答说，"他们彼此之间实在是太相爱了，然而命运却让他们二人必须有一人死去，留下一人可以长生。于是，他们决定一起共享不死之身。"

"这么做不是很明智啊，赫尔墨斯。如此一来，他们又能成什么事呢？"[1]

确实如此。对于我们来说，处理双子星座这类痛苦的分裂议题时，一个似乎可行的解决办法（正如宙斯的处理方式）是：为这两个不同的部分都各自留出一些时间，看看这样是否可以保全它们。这样的安排最初效果还算差强人意，我们在工作日尽心处理俗事，周末则纵情享受娱乐和玩耍，醉心于理想情怀和美好憧憬。不过很

---

1 引自凯特·霍维（Kate Hovey）所著《卡斯托尔与波吕克斯》（*Castor and Pollux*）一书（www.The-Pantheon.com）。另外，本书中我对卡斯托尔和波吕克斯神话故事的讲述也借鉴了许多其他的资料，其中最重要的一些参考文献为：

卡尔·克伦尼（Karl Kerenyi），《希腊诸神》（*Gods of the Greeks*，纽约：泰晤士和哈德逊出版社，1980年）。

简·艾伦·哈里森（Jane Ellen Harrison），《希腊宗教研究的尾声》（*Epilegomena to the Study of Greek Religion*）和《忒弥斯：希腊宗教的社会起源研究》（*Themis: A Study of the Social Origins of Greek Religion*，纽约：子午线图书，1955年）。

吉尔伯特·默里（Gilbert Murray），《希腊宗教的五个阶段》（*Five Stages of Greek Religion*，纽约：多佛出版社，2003年）。

《哥伦比亚电子百科全书：第6版》（*The Columbia Electronic Encyclopedia*，纽约：哥伦比亚大学出版社，2006年）。

亚瑟·科特雷尔（Arthur Cotterell），《神话故事百科全书》（*The Encyclopedia of Mythology*，纽约：安尼斯出版有限公司，1996年），第38页。

迈克·迪克森-肯尼迪（Mike Dixon-Kennedy），《希腊罗马神话百科全书》（*Encyclopedia of Greco-Roman Mythology*，加州圣巴巴拉：ABC-CLIO出版社，1998年），第116页。

皮埃尔·格里马尔（Pierre Grimal）编，《拉鲁斯世界神话》（*Larousse World Mythology*，纽约：帕特南之子出版社，1965年），第118—119页。

托马斯·布尔芬奇（Thomas Bulfinch），《布尔芬奇的神话故事》（*Bulfinch's Mythology*，纽约：兰登书局，1993年），第148页。

快就会出现这类苗头："谢天谢地，今天是周五了。""哦，天啊，又是让人郁闷的周一。"倘若我们拥有足够的觉察，就会发现情况每况愈下：我们对自由、美好时光的向往会在工作日乘虚而入，我们在周末则被自己的内疚和无聊折磨得越来越心力交瘁。很快，我们双重特质之间的矛盾让我们进退维谷——我们会发现自己正处于"中年危机"之中。或者用我的话来说，中年机遇。

中年机遇

人到中年，长期以来被分裂出去的那部分会在心底蠢蠢欲动。终有一天，我们注定会与失散的另一半自己相遇——它象征着我们不曾体验过的生命，即未竟人生。步入中年之际，心有觉察之人会利用自身最好的智慧来浇灌生命干涸之处。倘若有足够的洞察力，我们终究会发现，原来人格不止一面。例如，它既有朴实、本能和务实的一面，同时又有高尚、理想主义的一面。我们会感觉到，不知何故，自己已然与一些重要的东西分离了。我们人格中的某个层面可能会依偎于安全、稳定和世俗的怀抱之中，而另一个层面却渴望体验狂喜、超然脱俗以及心灵的回归。

35岁到50岁之间这段人生时期，我们的心理会发生重大变化。一些在孩提时代消失的本性开始重新浮现。我们曾经所珍视的那些信念、道德以及生活原则会突然受到质疑（如果我们能忍受的话）。人至暮年，我们已经积累了太多未曾触及的生活体验，那些尚未满足的需要和对过往的悔恨会将我们吞没。

关于这一转变，荣格曾写道：

> 越是接近中年，我们所坚持的个人态度就越是稳定，社会地位也越是根深蒂固，这就越发会让我们觉得自己似乎已经步入了正途，找到了正确的理想和行为准则。如此一来，它们便会被视为永恒的真理，固守它们亦被当作一种美德。可我们却完全忽略了一个基本事实，即社会目标的实现往往是以个性的萎缩为代价的。我们生活中有太多太多本应该体验的内容只能被丢进储藏室，被尘封在记忆之中。[1]

年岁渐长，我们掌控结果的能力会日渐受到威胁。也许是体验到身体机能受限所带来的痛苦（身体再也无法对我们发出的每一个指令都及时做出反应），抑或是遭遇父母甚至朋友的离世，也可能是面临青春梦想的幻灭——所有这些都可能导致中年时期心理上的转变。这是从"自生之时"到"至死之时"的转变，我们开始感到时不我与，而一些至关重要的东西仍然无从寻觅。

世间万物无不将我们卷入时间的旋涡之中，这是不争的事实。例如，在你迈入婚姻殿堂之际，你就已经交出了自己人生中的大把时间。对于我们绝大多数人来说，这可能意味着要早起上班赚钱、凌晨四点喂孩子、接送孩子上下学、定期带家人和孩子看医生、花时间做体育锻炼、约会娱乐。中年来临之际，大多数现代人开始想

---

1 C. G. 荣格，《荣格文集》，第8卷，第749—795段。

要从（自己亲手努力打造出的）时间的牢笼中解脱出来，而关键问题在于闲暇时光已所剩无几了。

自然改变我们的方式

荣格借用了古希腊语中的"对立转化"（antiodromia）一词来描述人到中年所经历的转向对立面这一历程。这个词是由"对立或反方向"（enantio）和"奔跑"（dromia）两部分组成的。哲学家赫拉克利特[1]（Heraclitus）用这个词来描述对立两极的作用机制[2]，并告诫人们，随着时间的推移，天地万物皆会发生反转：死源于生，生亦源于死；幼源于老，老亦源于幼；醒源于眠，眠亦源于醒。这便是世间万物的创生与消解之道。每当我们的意识生活被一种极端、片面的倾向所主宰时，就会发生向对立面反转的现象；久而久之，未曾经历过的生活中也会产生同样强大的反作用力。起初，它会干扰意识的正常运作。一旦年深岁久，它便会突破意识的控制。中国传统哲学将这一过程表述为阴与阳之间的相互作用。

似乎人到中年（未竟人生达到了一个临界点），我们人格天平中的关键方面变得过分偏于其中一端，于是人格试图进行修正以恢

1　赫拉克利特（Heraclītos，约前540—约前480与470之间），古希腊哲学家，爱非斯学派的创始人。他认为万物都处于不断的变化之中，持对立统一观念，列宁称其为辩证法的奠基人，著有《论自然》一书。——译者注

2　C. G. 荣格，《荣格文集》，第7卷，第112段。荣格效仿赫拉克利特写道："唯一能逃脱对立转化这一严峻法则的人（原文如此），是懂得如何将自己从无意识中分离出来的人，不是通过压抑无意识——这样的话，无意识只会从背后攻击他，而是将无意识当作身外之物一般清楚地摆在自己面前。"

复其平衡。

我们可以将人的一生比作太阳一天东升西落的运动轨迹。清晨，我们的生命力逐渐旺盛，在炙热的正午达到顶峰，接下来便转向对立面。荣格对此论述道："人生的下午和上午一样充满意义，只不过意义和目的有所不同罢了。"[1]

关于中年危机议题是否是现代生活的普遍现象，众多研究者对此争论不休。但我们确实知道，人到中年，我们的文化进程往往会变得异常枯燥乏味，仿佛我们业已榨干了自己人格中的所有能量。这种情况不仅发生在生活现状令人失望、成就不尽如人意之时，即便功成名就，事实仍然如此。与此同时，你未曾经历过的生命所积聚的能量变得越发急迫。

人到中年，我们很容易受到新的困惑、焦虑和情绪的影响。或许我们会突然坠入爱河，也可能面临婚姻破裂，还可能绝望地失去工作。我们可能会开始感到空虚，被困在自己的生活之中，仿佛这是生活强加在我们身上的。这些都属于"危机"时刻，但它们同样可以成为一个崭新的发展阶段的序章。如若我们留心观察，就会发现我们需要更多的东西。

夫妻或伴侣双方会在无意识中为彼此不曾体验过的未竟人生打掩护，可这一巧妙的安排往往会在中年时期被打破，随之而来的是相互指责与误解，以及长久的积怨和被压抑情绪的爆发。虽然是我们片面化地发展了自己，但找一个替罪羊来为我们负责却要容易得

1　C.G.荣格，《荣格文集》，第4卷，第114段。

多。在这段时间里，经常会发生诸如离婚、与年轻且似乎更有魅力的第三者发生婚外情、突然改变职业发展路径等事情。然而，我们却没有意识到这些都是我们的心灵在寻求平衡时的症状表达而已。

对此浑然不觉似乎是一种更为安全的选择，至少从表面看来如此。我们可以加倍奋斗，继续沿袭前半生的模式来获得幸福：努力追求财富、成就事业以及强化自我。或许我们会认为，只要选择新的或是更好的东西便能平息我们的不满和欲望。然而，继续被权宜的人格碎片所束缚会带来严重的伤害，无论如何，你都将遭受痛苦。我们文化幻想下的健康——常常等同于社会化，也就是成为社会所认可的某种想象出来的正常或一般状态，是一种以牺牲本真为代价的恪守稳定。

哲学家弗里德里希·尼采[1]（Friedrich Nietzsche）分析过未竟人生所带来的负担：

> 查拉图斯特拉带着自己年轻时未竟的梦想走进了坟墓。他对它们说话，仿佛它们是狠心背叛了他的幽灵。他们群魔乱舞，破坏了音乐氛围。是曾经的过往让他的道路变得如此坎坷吗？是他未经历过的生活阻碍了他，让他的生活似乎无法继续吗？

---

1 弗里德里希·威廉·尼采（Friedrich Wilhelm Nietzsche，1844—1900），德国哲学家。尼采的著作对于宗教、道德、现代文化、哲学以及科学等领域提出了广泛的批判和讨论。他的写作风格独特，经常使用格言和悖论的技巧。尼采对于存在主义哲学以及荣格分析心理学思想的发展影响很大。——译者注

接纳失败

人到中年，我们会面对失败和丧失。随着年龄的增长，每个人都会遇到各种瓶颈，我们掌控结果的能力也会受到威胁，我们自以为无所不能的想法也会幻灭。我们可能会随俗浮沉，也可能会认识到生命的存在远比我们以前所理解的要更加深刻、更难以掌控，也更加神秘莫测。

西班牙诗人安东尼奥·马查多[1]（Antonio Machado）写道，在我们的晚年，要把人生前半段的失败转化成有意义的事情：

> 昨夜当我沉睡时
>
> 我梦到
>
> ——奇妙的景象啊！
>
> 一股流泉迸发在我心里。
>
> 我说：这隐秘的渠水，
>
> 我从未啜饮过的、新生之甘泉，
>
> 为何走向我？

1　安东尼奥·马查多（1875—1939），20世纪西班牙诗人，文学流派"九八年一代"最著名的人物之一。马查多的诗作主题多为土地、风光和祖国，早期有现代主义色彩，后来转向直觉型的"永恒诗歌"。他的后期作品大多显示出深邃的存在主义观点。——译者注

昨夜当我沉睡时

我梦到

　　——奇妙的景象啊！

一座蜂巢

在我心里

金色蜜蜂

从我难耐的痛苦中

制作白蜡和甜蜜

昨夜当我沉睡时

我梦到

　　——奇妙的景象啊！

一轮燃烧的太阳

放光在我心里。

它燃烧，

给我心一个温暖的家，

它放光，

让我眼眶浸湿。

昨夜当我沉睡时

我梦到

　　——奇妙的景象啊！

我的上帝 在我心里。[1]

（英文版译者，罗伯特·布莱）

探索未走过的路径

不妨回想一下同学聚会——这一场合业已被人们当成炫耀个人成就的惯用工具，不过它同时也可以帮助我们反思自己的人生。在聚会上我们会遇到一些昔日的同窗，他们年轻时曾前途无量，但多年后却似乎仍然被自己青春年少时的形象（人格面具）所束缚。这便是过分执着于自己早年的身份认同所带来的后果。

我的一位来访者珍妮（Jeanine）最近参加了她的第30届高中同学聚会。她跟我诉说："真的太压抑了。有太多人迫切希望改变自己的生活。有一个男同学，当年他在我们高中时曾是一名优秀的运动员，后来接手了自己的家族生意进入印刷行业。他现在已经48岁了，结果发现自己非常讨厌印刷这个行当。他还在闹离婚，又想辞了家族生意的工作进林业局工作。还有另外一个女同学，在我们年轻那会儿，她可一直都是聚会上的女主角。可现在她看起来简直就像个喝醉了的荡妇。她那天穿着低胸毛衣，喝得昏天暗地的，在聚会房间的洗手间里狂吐。我还无意中听到她泪流满面地对一位同学

---

1 安东尼奥·马查多（Antonio Machado），《昨夜，当我沉睡时》，选自《孤独时代：安东尼奥·马查多诗选》（*Times Alone: Selected Poems of Antonio Machado*，英译本。罗伯特·布莱译，康涅狄格州米德尔顿：卫斯理大学出版社，1983年）。经卫斯理大学出版社许可转载。

说：'你没有犯跟我一样的错误。'她的朋友回答说：'哦，你犯的错我也都犯过，我只是没有跟他们结婚而已！'"

珍妮最后说，她非常庆幸自己在30多岁顺利改行，并开始了一段幸福的婚姻。她说："谢天谢地，我在35岁戒了酒，开始成长。""我的许多同学仍然停留在高中时的心态上。"但是，珍妮还是隐隐地表达了对自己生活的不满。"虽然现在我很有钱，不过我还是觉得那首老歌里的歌词很有道理：'难道仅此而已了吗？'"

我的另一位来访者杰克（Jack）是一位千万富翁。他来找我进行心理咨询的时候刚从自己一手创建的公司退休。作为"金降落伞协议"[1]的一部分，他可以作为公司董事会的特聘顾问，继续领取丰厚的年薪。但他很快发现，公司新任管理层其实并不需要他给出的咨询建议。杰克实际上被架空了。他感到无聊、孤独、失去目标，就像许多对退休后的生活感到失望和幻灭的老年人一样。有好几次咨询面谈，他都是在跟我吹嘘自己的财富成就、高官朋友、度假别墅以及价值连城的古董收藏。他似乎非常需要一位听众。当我好不容易能插上一句话时，我就想暗示他，那些帮助他取得今日之成就的品质并不一定就适合他下一个阶段的人生。"是的，没错，你说得对。"他会这样说，然后很快就将我的建议抛诸脑后。他会半开

---

1 金降落伞协议（golden parachute agreement）：一种离职协议，当事人一般涉及公司高管或部分核心员工。该协议一般规定如果公司管理权发生变更且作为一方当事人的高管或员工被解聘、解雇或者自愿离职时，该高管或员工可以取得一定的离职补偿。离职补偿一般为该高管或员工在公司管理权变更发生后一定期间内的薪酬。——译者注

玩笑地告诉我，自己做过重建东南亚大海啸摧毁的灾区的宏伟白日梦。可遗憾的是，他不愿为实现这些计划迈出一小步，甚至都不愿探索自己内心深处那些尚未触及和体验过的部分。他只是沉溺于自己作为"大人物"的角色当中，活在自己曾经的故事里。

我还见过很多和杰克这种情况类似的女性，她们一直竭力维持自己青春靓丽的外貌，以此作为吸引杰克这类男士的筹码。如果牢牢抓住自己年轻时的外在形象不放，这会激起内在的悲伤、痛苦和不适感。（正如本书第八章将详细讨论的那样：无论处于人生哪一个年龄段，朝气蓬勃的心态以及对新鲜事物的感知都是不可或缺的。但忽视内心的召唤，不去发展更广阔的意识领域，将会阻碍我们实现真正的自我。）渴望得到照顾和保护，这完全可以理解；但如果彻底屈从于依赖，便是拒绝成长，也意味着放弃自己的全部潜能。

我们大多数人在为了获得某种身份认同而辛勤地工作，以至于后来会很难将其放下。我们可以看到，很多年少时不切实际的幻想、盲目的臆测以及妄自尊大的陋习，在多年以后依然顽固地跟随着我们，这足以说明它们的形成需要多么大的能量了。久而久之，那些引领我们进入生活的指导信念和态度，那些我们为之奋斗和受苦受难的东西，逐渐成为我们的一部分，因此我们试图让它们永远延续下去。

然而，前半生行之有效的那些方法，几乎无助于我们面对成熟岁月中的挑战，这一点是无可避免的。倘若我们到了45岁甚至75岁的时候，还在按照5岁或25岁时的方式来为人处世，那我们便会相当受限，甚至会显得极其原始。我们何以相信，在人生某一阶段所采取的态度和应对方式会足以应对此后所有阶段的问题呢？

古人会用一个词"hubris"来形容这种情况，它有时被译作"骄傲"或"傲慢"，意味着才蔽识浅、孤陋寡闻，却自以为洞悉全局。正如分析师詹姆斯·霍利斯[1]（James Hollis）指出的，这是一种自欺欺人的行为[2]。当你觉得自己已经对事情了然于胸时，很可能是因为某种情结（一种片面的心理模式）在作祟。我们意识所知道，或自认为知道的故事，从来都不是我们内心和周遭世界发生的全部故事。在人生的前半段，大多数人有傲慢的毛病。假以时日，人生总会通过痛苦来纠正人类的这一弊病，正如经典的希腊悲剧所呈现的那样。

遁入幽冥地府

在前文所介绍的神话故事中，波吕克斯为了能够与自己的孪生兄弟在一起，他不惜与冥王哈迪斯达成交易。

冥王哈迪斯是一位上古之神，其名字的意思是"隐身之人"。

1　詹姆斯·霍利斯（James Hollis），荣格派心理学家、心理分析师、畅销书作家。他曾于瑞士苏黎世荣格研究所接受长达5年的专业培训，深耕中年人群心理咨询领域。霍利斯是华盛顿荣格协会理事会成员，跨区域荣格分析师协会的退休高级培训分析师，费城荣格研究所第一任培训主任，腓利门基金会名誉副主席。——译者注

2　詹姆斯·霍利斯（James Hollis），《中年之路：人格的第二次成型》（*The Middle Passage: From Misery to Meaning in Midlife*，多伦多：内城出版社，1993年）。这本书和霍利斯所著其他所有的著作一样，内容丰富，发人深省。

由于哈迪斯是冥界的统治者，故其领地也被称为"哈迪斯"。冥界位于地下，是死者灵魂的栖息地，他们在此回忆自己生前的种种经历。这些灵魂被希腊人称为阴魂（shades）。我们现代人对于冥府的理解比较狭隘，简单地称之为"地狱"，但对古人来说，冥府与其说是受苦受难之地，不如说是不见天日的黑暗之地。冥王哈迪斯负责维持冥界的秩序。宙斯是掌管天界的奥林匹斯之王，波塞冬为统辖海洋的海神，哈迪斯则负责统御冥界（请注意，宙斯和哈迪斯是亲兄弟）。哈迪斯神很少出现在现存的希腊浮雕和古代花瓶上，这绝非偶然。哈迪斯的原名是埃多纽斯（Aidoneus），译为"隐身之人"。作为冥界的主宰，他天生就令人感到恐惧和着迷。人们甚至连说出他的名讳都要十分谨慎，所以古人便用一些委婉的称呼来代指冥王，如养育者（Trophonios）、热情好客的主人（Polydegmon）、智慧的顾问（Euboulos）以及财富的给予者（Plouton，因此罗马人称其为"冥王星"）。戏剧家索福克勒斯称哈迪斯为"富人"。

以上这些称谓表明，哈迪斯及其冥界不仅象征着丧失和死亡，同时也象征着财富。冥王是一位具有创造力的转化之神，是与孕育大地谷物与果实的丰饶女神得墨忒耳（Demeter）相对应的男性神祇。事实上，沉浸在这一领域会激发内在的丰硕成果。从心理层面来讲，我们必须前往冥界地域去寻找内在的宝藏。

许多古希腊英雄都曾踏上过险恶的冥府之旅，他们有的是去质问阴魂，有的则是去解救他们。在前文双子星座卡斯托尔和波吕克斯的神话故事中，很重要的一点是，在一段关键时期内，二人有一半的时间是在冥界度过的。同样，只有通过探索自己未竟的生命，我们方能解决随着年龄增长而变得异常麻烦的二元对立问题。当我们积累了足够丰富的人生经验，与此同时，往往被失望、不满和绝望驱使着不得不考虑其他选择时，我们就开始了潜入冥府之旅。不去审视自己的人生让我们固着于青春期的状态，阻止我们与心灵建立真正的联结。

用现代心理学的术语来说，我们把阴暗世界中像影子一样的部分称为"情结"（complexes）——那些没有色彩、反复出现、被隔绝在动态的"生命之流"之外的无意识人物。无意识具有支配我们的力量，它会通过程序化的习惯来左右我们的选择，限制我们的体验。

对于古希腊人来说，亡灵在冥府中，在过往那日复一日、冗杂多余、空洞乏味而又"死气沉沉"的负累中漫无目的地游荡。通过安抚的方式驱散心中的邪祟，是古代祭祀和宗教体系中的一项重要元素。我们现代人在探索自身的幽暗之地时也会遇到停滞不前、陈腐不堪的人格逆流，但也不乏直面心灵的可能性。同样，我们也必须安抚过去的那些不安的魂灵。

循环往复的情结

尽管我们的意识心智认为是它自己在主持大局，但其实很多与是非、取舍有关的判断是在意识之外的层面做出的。心理学研究表明，通常情况下，在我们意识到这些决定的半秒钟之前，无意识过程就已经做出了决定。荣格早在近一个世纪前就发现了这些隐匿的内在过程，并称之为"情结"[1]。

情结表述着我们的现实，影响着我们的情绪，让我们体验到焦虑、抑郁、悔恨，甚至生病。最糟糕的是，它们干扰了我们创造性地应对变化的天性本能。它们使我们陷入重复的反应模式之中。"情结"一词已然成为人们的口头禅。如今，众所周知，每个人都有"情结"。荣格将"情结"定义为一组心灵模式，它既可能是积极的，也可能是消极的，而且情结带有强烈的情绪感受。那这些重复的核心念头和情感从何而来呢？它们来自我们过去的体验，我们之所以有情结，是因为我们有过往。我们会沿用既有的模式来理解当下的现实——其中有些模式是不适应、欠佳的。然而，它们却成为我们与世界互动、理解世界的固有方式或固有结构。我们会持续不断地在自己的生活中做出单调乏味、自我挫败或限制性的选择，一味地诅咒厄运或命运的不公，却没有意识到我们其实一直在配合无意识陈旧的自动化程序。

1　发展心理学家让·皮亚杰（Jean Piaget）称其为图式，而神经科学家目前则将这种现象描述为神经元网络。比喻会随着时代的发展而不断更新，但心灵内在的原型现实却是永恒存在的。

　　混沌理论中的"奇异吸引子"与荣格的心理情结这一概念颇有相似之处。或许你会在某种状态的边缘运行，然后出现一个"稳定节点"。吸引子通过现象、想法、理论、情绪和行为展示其吸引力或诱惑力，从而在心理上表现出自我迭代的能力。这些心灵连接点对信念系统、情绪反应和行为的形成至关重要。与此相关的一篇论文是J. 梅（J. May）和 M. 格罗德（M. Groder）撰写的《荣格思想和动力系统：原型心理学的新科学》（*Jungian Thought and Dynamical Systems: A New Science of Archetypal Psychology*），载于《心理学视角》（*Psychological Perspectives*），1989年春夏刊，第20卷，第1期，第142—155页。

拥有情结并不一定就是病态的。然而，片面的情结就好比是工具包里的锤子。每当有东西需要修理时，你总是使用锤子，而有时螺丝刀也许更合适。

人到中年，但愿你已积累了足够的人生经验来反思自己的过往，积蓄了足够的心理能量让自我开始批判自己。在外界的帮助下，你能够分辨出隐匿的动机和陈规陋习，并找出那些需要修补的未曾经历过的生活面向。你无须大费周章，因为情结自然会通过那些令人不安的梦境、情绪失控、喜怒无常以及各种自我限制的行为表现出来。

现实中，你会反复遭遇同样的情境吗？在亲密关系或工作当中，即便已经更换了伴侣或雇主，你能否发现一些似曾相识的循环或模式呢？你是不是已经习惯于用自己惯常的方式来看待生活，以至于你所依赖的习惯已经限制了你的可能性呢？正如小说家弗兰·奥布莱恩（Flann O'Brien）所言："地狱在不停地轮回。从形状上看，它是圆形的；从本质上看，它不止不休、循环往复，几乎无法忍受。"当我们受情结所困时，就会有这样的感觉。

我们如何被旧有习惯所困

荣格提出"情结"理论近一个世纪以后，神经科学家及相关研究者们现在对这些内在心灵模式如何运作有了更为清晰的认识。人的大脑是由大约一千亿个被称为神经元的微小神经细胞组成的，它们提供细胞间的信号，并与其他神经元连接构成神经网络。神经元系统中的信号传递模式是我们思维的基础。为了实现记忆功能，神经元网络会将同时激活的神经元连接在一起形成模式。频繁出现的神经通路便构成了我们人格的基石。

同时激活的神经元彼此之间建立了联结，如此一来便更有可能再次被同时激活。基于这些模式，我们基本上以这样的方式来向自己讲述一个关于外部世界的故事。我们从环境中获取的任何信息都会被我们已有的经验和当时的情绪反应影响[1]。

通过这样的方式，我们过去的所见、所感决定了我们现在以及将来所能看到和感受到的内容。

朱莉（Julie）来找我时已经 43 岁了。她是一名护士，那时刚与巴里（Barry）订婚，巴里拥有一家成功的装修公司。朱莉告诉我："我害怕自己会把婚姻搞砸。"她表达了自己对失败的恐惧，以及严苛的完美主义是如何驱使并主宰了她过去几十年的生活。在家里，朱莉是八个孩子中的老大，自小在加州南部长大。朱莉的母亲是一位忙碌而成功的牧师，父亲是一位 "赋闲在家的知识分子"，负责抚养朱莉和她的七个弟弟妹妹。作为家中最大的孩子，朱莉在很小的时候就承担起了家庭的重担，成为家里实际意义上的母亲，尤其是在她年仅8岁时发生的一次事故之后。在一次家庭海滩度假中，朱莉忽然发现自己4岁的妹妹脸朝下伏在水里。朱莉大声呼救，

1　有关人类情感科学最新研究的一些有价值成果，请参阅托马斯·刘易斯（Thomas Lewis）、法里·阿米尼（Fari Amini）和理查德·兰农（Richard Lannon）三人合著的《爱的通论》（*A General Theory of Love*，纽约：维塔奇书局，2001年）。

但没有人来救她。跟往常一样，她的父母都在忙于自己的事情，留下两个女孩儿独自玩耍。惊慌失措的朱莉独自一人把小妹妹拉到了陆地上，在海滩上找到了一个成年人帮她抢救妹妹。"从那天起，我就知道自己必须提高警惕，"朱莉说，"这个世界并不安全。"

8岁那年，因为朱莉再也无法信任生活中的成年人来保证自身的安全，朱莉在海滩上感受到的强烈情感体验——极度的恐惧与愤怒，以及对妹妹深深的责任感，这些便成了她为人处世的主要模式。这让朱莉后来成为一名护士，这样她每天都能有效地处理其他人的创伤。她是个完美主义者，自称"控制狂"，做事情会关注每一个细节。朱莉在工作时感觉还好，但是，一旦回到家，她的过度警觉就无法消除。她反复做这样的梦：一个小女孩儿在草地上欢快地奔跑，"但她跑得太快了，一不留神，就掉下了悬崖"。

朱莉成年后，亲密关系一直是她的困扰。跟她相处的男人们抱怨朱莉太紧张，控制欲太强。在过去的二十年里，朱莉经历了一些断断续续的短期恋情，她希望这一次能够在巴里那儿获得真正的亲密感，但又害怕做出承诺。他值得我信任吗？即使是一个简单的假期，她都担心巴里无法为她提供足够的保障——她不得不安排好一切，结果却以两人的争吵告终。代表着"这个世界并不安全……你必须保持警觉"这一信念的内心回路继续在朱莉的脑海中持续运行，不断塑造着她每天的生活体验。

通过重塑这种反应模式，逐渐地，朱莉变得更加信任别人，她的情结也得到了修通，有了不同的处理结果。她如期举行了婚礼，后来她竟然离开护士的岗位，找到了一份新的职业，不用再整日跟生离死别的事情打交道。

另一位来访者彼得（Peter）最近来找我，说他自己做了一个"艾格伦女士的梦"。彼得一次又一次地梦见他的高中数学老师艾格伦女士给他的考试打了不及格的分数。尽管他在成年后获得了博士学位，在专业领域也颇有造诣，但每当他遇到某种特殊情况时，他仍然会在夜里焦虑难安，担心自己会与艾格伦女士发生冲突。虽然不再有挂科的危险，但在高中毕业后的几十年里，围绕着对失败的恐惧而形成的情结一直困扰着我的这位来访者。这种习惯模式需要得到修复、弥合与疗愈。通过内心的工作，来自艾格伦女士的严苛体验最终得以修通。后来，类似的梦便不再出现了。

起初，大部分人会否认他们自己的生活有多少是由情结所掌控的。这是源于自我的错觉，误以为我们知道自己所需要知道的一切，误以为我们可以掌控一切。荣格对此曾有过论述："意识在那种情况下的行为就像一个人听到了可能来自阁楼的声响，却反而冲到地窖里去确认根本没有小偷闯入，以此来确认那声响只是纯粹的臆想罢了。事实上，这人本来就不敢冒险去阁楼查看。"

与其说我们拥有情结，不如说情结拥有我们来得更为准确——因为这些僵化的反应模式具有一定程度的自主性（autonomy），这使它们能够违背意识的意愿而闯入我们的意识生活之中。

昨日之解即今日之困

关键是要谨记，情结最初可能是适应性的应对方式，它们是基于当时的核心观念和前提产生的合乎逻辑的结果。但是，昨天行之有效的解决方案往往会成为今天的问题，原因很简单，它是如此片面（one-sided）。你前半生所采用的模式是一种参照点，为你组织自身体验提供了基准线，不过它们往往会成为进一步发展的阻碍。

与情结合作，目的并不是将那些模式化的思维和行为消除殆尽，而是要它们得到充分的放松释放，使我们可以摆脱意识心理的束缚，让我们更自由地做出选择，重新获得错失的资源，这对更为充实的人生体验是至关重要的。

当你用意识之光照亮情结时，它们便不再是隐匿不见的了，而且可以发展进化。一旦你意识到做出了某种习惯性的反应，你便可以放慢自己的节奏，反思并掌控自己。这需要反复加以练习，起初可能会让人受挫。这也需要谦卑之心。要修通自己的情结，你必须学会将自我切换到第三方（witness）视角，放下你可能会有的任何全能幻想。在下一章的内容中，我将介绍一种方法：它借由让头脑中的噪声安静下来，使你能够观察自己的心理过程，从而帮助你实现这一目标。

身份认同的悖论

当我们意识到 "自我（ego）"其实本身就是一种情结时，可能会深感诧异。自我是一种元模式，指导着我们生活中不断积累的所有其他模式。我们是如此认同这个 "我（I）"，以至于会逐渐将其当作真正的自己。

心智会利用一些固定的参照点来理解我们周围不断发生和变幻的过程。每一种感知都是对现实世界的编辑和抽象加工。如果对不断变化的景象思考太久，我们就会迷失方向。这就像骑在旋转木马上的舞者或孩童，我们必须把眼睛盯在某些固定的坐标上，这样才能避免让自己头晕目眩，失去平衡。从实用性方面来看，我们依靠各种模式来让自己的体验清晰连贯起来，不过一概而论和常识性假设也会成为我们的桎梏。

于是，我们便陷入了一个悖论（paradox）。在我们创造自身的过程中，生活不可避免地会进入特定的结构和形式里，陷入一些确定和典型的组织模式之中。而结构和内容感确实是维持生活连贯统一的必要条件。固定的神经通路和习惯逐渐养成，久而久之，它们就变成了界限，限制了我们的自由，缩小了我们的体验范围。一旦我们过分依赖于熟悉的事物，努力与自己的身份认同或他人对我们的期望保持一致时，我们的选择就会越来越受限。我们的观念和行为会遵循我们的自我身份认同，即自我。

我们竭尽自己所能想要牢牢掌控生活，就好像生活是固定不变的。我们一心追寻结构、形式和意义，接着又被我们的结构、形式和意义所困。我们所认同的自我，实际上是由过去的经验所决定的旧习惯积聚而成，是由记忆中的回形针和口香糖拼接在一起的。它尽力使我们的经验变得安全、可预测，但同时也会给我们带来约束。这便是身份认同的悖论。

各种文化机构也可能会遇到身份认同悖论。一旦企事业机构、学校以及宗教机构为各自的身份所束缚，它们都会抵制变化。也许你会在一个组织成立初期见到类似这样的场景。起初，组织成员们对"一切皆有可能"持开放的态度，面对瞬息万变的环境时，呈现巨大的自由度和灵活性，但年深日久，成功带来了规章、制度、程序和地位。最终，自主性、冒险精神，连同刺激感都消失不见了。作为权宜的身份认同变为组织规范。我们不再对可能的事物进行尝试，而是逐渐把它（身份认同）视为真实的存在[1]。这是所有身份认同的困境——我们的天性被自身塑造出的习惯所拘囿。

有一个笑话，说魔鬼撒旦一边和他的堕落天使们聊着天，一边目睹着人世间的各种丑态。"我们该怎么办？"一位天使恳求道。"快看，有人类得到了一条真理！"黑暗之王不慌不忙地回答："别担心，这些人类会竭力把它奉为万古不变的教条，然后它就会重新属于我们了。"

人到中年，你的身份认同逐渐变成了源自过去的陈规固习。你有充分的理由留恋过去，但它并不是你的全部。倘若习惯性地活在过去，你就错过了当下的圆满。将能量转化为结构（建立自我）是构建生活的必要条件。我们确实需要形式，然而，如果意识人格能够与无意识驱力不断沟通来灵活调整方向，那么，我们的收获才是最为丰饶的。

---

1 从自我的角度来看，生活中的许多事情似乎都是对立互斥的。而从更为广阔的意识角度来看，这个世界则充满了矛盾、神秘和敬畏。人和组织的最佳视角是能够自我批判，并可以通过局部视角来完整地看待现实——理解其片面及有限性。正如欧文·巴菲尔德（Owen Barfield）所观察到的，表面主义即是一种偶像崇拜。

价值观重塑

我们已然了解自己是如何在遗传和文化的影响下做出前半生种种选择的，尤其是父母、师长、偶像以及亲密伴侣所树立的榜样给我们带来的诸多影响。我们逐渐获得了一种身份认同，并形成了一套模式化的方式来理解和应对这个世界。

但是，某天早上，我们突然醒来，感觉好像失去了一些重要的东西。这时，我们需要仔细审视我们赖以生存的那些真理，甚至要承认，它们的对立面也同样蕴含着真理。正如荣格指出的那样，完全没有必要担心我们成年早期所信仰的那些真理和价值观是毫无意义的。它们仍然有意义，只不过此时已经变得相对不适合了——毕竟它们并非放之四海而皆准的真理。只不过，如果放弃意识形成过程中固有的分裂，这似乎会让我们陷入混乱和相对性的旋涡之中，我们最珍视的一切也会随之分崩离析。

令人好奇的是，现代人几乎会不惜一切代价让自己疲于忙碌，从而避免审视那些未被实现的人生体验。当代人对娱乐和上瘾有着近乎贪得无厌的欲望——毒品、美食、电视、购物、财富、权力以及我们文化中所有其他消遣。多年来，我一直认为，我们之所以回避与心灵接触，是因为惧怕会被来自无意识的"原始（uncivilized）"特质所击溃。但我渐渐明晰，我们对自身最高潜能的抵制，甚至要比我们对所谓原始力量的抗拒更为顽固。

我们身上诸多尚未发展的东西被排除在外，从心理上讲，因为它过于美好，以至于让我们无法承受。这个观点看似愚蠢，但如果你坦诚地审视自己的生活，就会发现事实确实如此。我们常常会拒绝接受自己那些最崇高的品质，反而找一些赝品来取而代之。举例来说，我们不去真正体验内在精神生活，而是借助酒精来麻醉自己；我们并未好好珍惜上天赐予我们体会狂喜的机会，反而满足于通过物质消费或情感占有而获得的短暂的兴奋感。为什么会寄托于某件东西或某个人身上来寻找我们自身的禀赋，乍看之下，这令人十分费解。不过，从自我的角度来看，非凡特质的出现可能会扰乱我们的整个人格结构。

　　一个足够真实、坦诚的人如果想要探索自己内心的幽暗之处，也许轻而易举就能洞悉其间的奥秘，但他很可能倾其一生都要与自己神经质的力量来斗争，才能不隐藏自己的精神性（divinity）。令人欣慰的是，人到中年时的内心工作并不仅仅意味着要面对无边无尽的黑暗，它还会带来一些美好的价值。我们内心深处不仅仅充斥着失落、悲叹和抑郁，同时它还是一个饱含财富的转化之地，有望带来实现生命潜能的全新收获[1]。

1　关于这一部分更为详细的探讨，请参阅本书作者罗伯特·约翰逊（Robert Johnson）的另一部著作《拥抱阴影：从荣格观点探索心灵的黑暗面》（*Owning Your Own Shadow: Understanding the Dark Side of the Psyche*，哈珀柯林斯出版集团旧金山出版社，1993年）。

练习：你被困在何处？

无论是出于种种的旧习、恐惧还是懒惰，难免会有一些情况，我们将自己与可能带来愉悦和充实的体验隔绝开来。要找到你的某些情结（这些情结是无意识的），一个简单的方法就是反思过去一周内发生了哪些事情让你感到困扰。这段时间内，你在何时何处与人发生过冲突？你在什么时候、如何拖延或逃避某件事情？也许是你未能为自己争取应有的权利，又或者对别人颐指气使（权力情结）？你是否经常为了取悦他人而牺牲自己的需求？你是否通过夸耀自己或贬低他人来获得过度补偿（自卑情结）？也许与支付账单有关（金钱情结）？你是否重复了将自己与朋友、团体的支持隔离开来的模式（局外人情结）？哪些方面妨碍了你全身心地投入生活？有时，这被称为"母亲情结"——想要保持一种婴儿式的、半梦半醒的状态。如果父母在孩子的成长过程中过多控制，就会出现母亲情结。而它并不一定与性别有直接关系。哪些是你很少与他人谈论的话题？为什么会这样？你会因此感到尴尬吗？是想避免冲突吗？你什么时候会感到特别不自在、紧张或敏感？

我们会尽可能地将自己未竟的人生面向投射到他人身上，因此很难识别出来。被你贬低和排斥的部分，就会成为你批评和指责别人的点；你自身的恐惧会在别人身上表现出来；你自己所缺乏的会希望别人替你来实现。

生活中有多少种典型情景，我们就会有多少种情结。回想一下，这些饱含情感体验的能量集群试图保护你，它们利用过去的经验简化你的选择，但同时情结也限制了你的自由，将你束缚在过去的生活中，它们是以偏概全的谬误。你虽无法彻底摆脱情结，却可以让它们更加放松，从而扩大你的反应范围。

要改变这些重复的内在核心信念，需要更多以及更强有力的意识参与进来。你可以用一本笔记本来记录自己在何时、何地以及如何感到困顿、受限或被贬低的[1]。在意识到自己的情结所带来的影响

---

[1] 修通一个人的内在情结是一项长期而持续的工作。在心理分析过程中，我经常会要求来访者准备一个笔记本和三支不同颜色的水笔。这样可以为我们跟世界打交道的三种不同方式分别指定一种对应的颜色：用黑色水笔记录你的想法，红色记录你的情绪感受，蓝色记录你的身体感觉。每周至少花一次时间来写日记。这是一种在睡前获得深度放松的好方法，所以如果你需要在繁忙的日程中证明你的努力是有价值的，不妨可以将这一方法作为辅助睡眠的工具。试着觉察你所体验到的每一个不同面向。

关注到自己的想法往往比较简单。把你的日记当作一个容器，来容纳那些经常在你脑海中闪过的想法。然后觉察你的情绪感受，用红色水笔记录下来。接下来，将注意力集中在你的身体感觉上：可以从脚趾开始，慢慢向上扫描到脚踝、小腿、大腿，直到你的头部。觉察任何你感到紧绷的部位。观察自己感觉麻木或几乎没有知觉的地方，将其用蓝色水笔记录下来。

水笔的颜色将反映出你自我的不同面向。如果你能够坚持这样做一个月或更长时间，你就会记录下你是如何处理自己的体验。只要关注到某种颜色的笔记有多少，就会对你有很大的启发。很多人的笔记本基本上都是黑色的，这表明他们有大量的时间生活在自己的思维之中。

通过这本日记，你将熟悉你的情结在行为中的重复模式。是否有某些念头反复出现在你脑海中？想法与感受之间有什么关系？例如，当你告诉自己某些事情时，你是否会变得沮丧？每天早上醒来时，你的脑海里有没有播放之前的画面或剩余？当你处于紧张状态时，会反复发生什么？哪些信息渗透并干扰着你对现实的评价和你的决定？当发生冲突时，你是否会关注到自己的身体状态？你身体的哪些部位会处于紧张状态？你如何对待微妙的直觉？你会注意到它们吗？你会用自我代办事项来覆盖它们吗？请记住，觉察到你的内在模式就足以启动改变。当你阅读到本书后面的章节内容时，你将学会如何与情结对话，从而减缓它们的反应速度，改变它们的影响。

时，对自己进行评判或感到沮丧都是无益的。只要更多地觉知到这些无意识过程，你的生活自然而然就会发生改变。每当你能够放下那些陈旧、限制性、公式化的旧习时，你尚未发挥的潜能就会更加充分地显现出来。

第四章

认识永恒：
"存在"的艺术

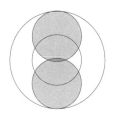

要想质疑幽冥世界中的阴影——当代人称之为"情结"，我们必须利用一个相对静止的观测点，从那里可以观察到这些内心深处所蕴含的力量，否则，我们只能任由这些本能反应摆布。假如我们的生活中充斥着疯狂的"有为"（doing），那往往是因为我们被过去的模式所役使。只有通过了解并践行"存在"（being）这一永恒的艺术，我们方能从片面的情结中解脱出来，并对其进行改变，从而获得更为深刻和广阔的意识觉知。

　　对双子星座卡斯托尔和波吕克斯故事的其中一种解读，就是将这兄弟二人分别视为象征着我们身上世俗的部分以及内在精神特性的本源。卡斯托尔所代表的世俗部分乃是由"有为"来定义的。我们会面临各种各样的日常事务——从支付账单到周六晚上叫上朋友出去聚会。生命中的有些事务的确要靠"有为"来完成，比如说洗碗、用吸尘器打扫地毯、平衡收支，显而易见，这些都是在从事各种行为活动。然而，生命中还有一些方面同样需要我们的"存在"，这包括亲密关系、爱，以及在日常生活中感受精神性，从一抹斜阳、一声鸟鸣或一个善意的举动中发现神迹。

中年是一段需要经历重塑的时光，部分原因在于随着年龄的增长，关乎"存在"的领域需要引起更多重视。人至中年，我们已经积累了足够多的"有为"经验，可以让一部分日常生活事务自行运转，适时地投入一些精力来认识"存在"的力量。

在繁忙的生活中，我们都需要一些时间和空间来接触那些比我们的自我更伟大、更恒久的事物，与不朽和永恒的实相或力量建立联结（正如卡斯托尔对波吕克斯的渴望）。我们需要刻意练习，因为在现代生活中，"有为"与"存在"是如此极端地被割裂开来。因此，我们要为自己留出反思、冥想和专注的时间，这是一剂良方。我们所说的不是漫无目的地做白日梦、发呆或是昏睡，而是将自己调整到活力充沛的存在状态，如此一来，我们在所有事情上都可以发挥出自己最大的潜能。

有时，人到中年会让我们感觉仿佛回到了青春期，夹在不同的身份之间是一种脆弱而可怕的处境。我们可能会质疑自己的身份认同感，自问道："我的人生目标究竟是什么？"我曾经和一些中年朋友开玩笑说，我打算在自动答录电话上录制一段问候语："请告诉我你是谁，你想要什么（停顿），如果你知道这些问题的真正的答案，那么你无疑是人生后半段的智者。"[1]

---

1 在禅宗修行传统中，大师通常会向新人提问，以探究其心灵的深度。最常用的一个标准问题是"你是谁？"，这个看似简单、单纯的问题，却是禅宗弟子所惧怕的。它要求我们立即揭示常用的第一人称代词"我"背后的真实面目，也就是人的整体。要深入思考这样一个问题，就要求弟子意识到"我"是纯粹的、无条件的主体。当他把注意力转向自身的时候，自我就被物化了。纯粹的自我只有通过自我的彻底转变才能实现，这种转变是在人类意识的另一个维度上发挥作用。请参阅井筒俊彦（Toshihiko Izutsu）（转下页）

关于人生的两大职责任务，哪一者更为重要：是在外在的俗世中找到自己的目标（按时上班、完成工作任务、定期纳税），还是在永恒的内在世界中服务于自己更崇高的目标（为美、爱、精神追求而付出时间）？无论选择其中哪一个，都会带来双子星座式的痛苦分裂。

人生确实承载着诸多世俗的外在目标：工作要求、养家糊口、实现经济稳定。这些外在目标十分必要也至关重要，但它们也是处在无常变化中的。

在人生的后半段，重要的不是你做了些什么，而是你在做事时所秉持的意识态度。这仿佛是与奥林匹斯山上的众神共享天伦之乐。

你完全可以邀请"存在"进入你的现实生活之中，你可以为它营造出一些空间。定期让自己回到清零（zero point）的状态是很重要的。这便是本笃会[1]（Benedictine）仪式背后的心理意义：本笃会修士们每天要做七段祈祷，届时他们会暂停手中的所有工作，走进教堂，静下心来，让自己重新开始。结束后，他们会走出教堂，重新投入这个世界。这样，他们的外在世俗目标就能与更伟大的内在召唤相协调。能够将内心的平静和专注带入所从事的工作当中，这

（接上页）的著作《走向禅宗哲学》（*Toward a Philosophy of Zen Buddhism*），科罗拉多州博尔德：般若出版社，1982年。

1　本笃会又译为"本尼狄克派"，为天主教的隐修院修会，529年由意大利人本笃在意大利中西部的卡西诺山创立。本笃会秩序遵循非常具体的仪式，在这些仪式中，每次祈祷都有精确的时间规定。比如，本笃会会士每日必须按时进经堂诵经，余暇时从事各种劳动。——译者注

是一项至高无上的成就。如果你的头脑被追求进步的远大理想所填满，那只会阻碍你前进。这就像学习一门外语，你不可能一下子就达到精通。但通过重复本章所述的这些练习，你将会逐渐掌握它，并将获得一种神奇的力量。

感到困惑、悲伤、孤独或烦躁不安时，最好的方式不是让自己迷失在越来越多的事务当中，而是坐下来静静地待着。你可以关注自己的呼吸：它是浅浅的、停留在胸腔上方的呼吸，抑或是饱满、放松的呼吸呢？

待身体安静下来后，你就会注意到脑子里那只喋喋不休的"猴子"。你无法通过对自己大喊"安静！"来达到"清零"的状态。佛家说，幻象之轮始终在不停地转动，任何试图阻止它的行为都只会让它转得更快。所以，你可以先暂停下来，观察自己思绪的旋转，直到它耗尽能量，自行放慢速度。

抵制来自文化的压力：做得更多、走得更快

在我们的文化中潜藏着一种深深的恐惧：如若我们停下来，甚至只要放慢脚步，我们就会被别人赶超，甚至会在人生的"激烈竞争"中被淘汰出局。现如今，"7×24"这个词在广告中，甚至在我们日常沟通中，也越来越多地被用来表示"全天候"（around-the-clock）的承诺，如："这款除臭剂可以为您提供7×24小时全天候的守护"，或者"一年365天，每周7天，每天24小时，我每时每刻都在岗"，这是一种集体式的思维，它不允许我们停下来什么都

不做。

我喜欢在当地的基督教青年会游泳，我是那里的常客，很多人都认识我。不久前，一位救生员看到我来了，她的经理告诉她我写了很多书，于是她便来找到我，想请我在黑板上为那些正在这里强身健体的人写一句励志名言以作鼓励。我想了一会儿，《奥义书》[1]中的一句谚语浮现在我的脑海中："他站着，却能超越其他奔跑之人。"那位年轻人听罢，想了一会儿，然后回答道："这绝不可能！"她走到黑板前，写下："冲，冲，冲！"

我们现今生活在一个"冲、冲、冲"的社会里，越来越难找到片刻的安宁。置身机场，电视屏幕会360度无死角地为你播放新闻节目；商店和餐馆里，各种音乐以及闪烁的电子屏幕对人们的感官狂轰滥炸。最近，我有幸体验了一把漂浮舱（通常也称为"感觉剥夺舱"）。这是一种隔绝光线和声音的密闭浴缸，体验者可以漂浮在被加热到皮肤温度的矿盐溶液（其密度大于人体密度）之中。这些设备可以用来测试感觉剥夺的效果，还可以用来进行冥想、祷告、放松以及替代医疗[2]。

---

1 《奥义书》（*Upanishad*）是印度古代哲学典籍，是文献《吠陀》的最后一部分。已知的奥义书有上百种之多，记载了印度教历代导师和圣人的观点。——译者注

2 替代医疗（Alternative medicine）是指现代医学之外任何旨在实现药物疗效的做法，尽管缺乏生物学可行性、可测试性、可重复性或有效性证据的医学理论与技术的总称。现代医学被称为"常规医疗"（conventional medicine）或"正统医疗"（orthodox medicine）。与此相对，替代医疗也被称为"非常规医疗"（unconventional medicine）或"非正统医疗"（unorthodox medicine）。——译者注

这似乎是一处远离现代喧嚣生活的绝佳之地，一位朋友劝我说，这会是一次舒缓而宁静的体验。金属舱门关上的那一刻，感觉浴缸有点儿像棺材，不过，我喜欢孤独，因此期待着宁静的到来。然而，还没过几秒钟，舱内的一个小扬声器就播放起了极为伤感而且十分多余的音乐。实在没办法，我只能强忍着坚持了近二十分钟。当他们最终打开舱门时，我拼尽了全力控制自己，才没有冲操作人员大吼大叫。我问他们为什么要播放音乐，他们告诉我说，现在大部分人难以忍受彻底的安静，必须借助音乐才能让他们放松下来。

虽然我们很难放慢脚步，但生活的重压以及各种冲突让我们急需一处宁静的乐土。持续不断地做事情往往会让我们把更多的精力放到生活中已经发生的问题上。例如，当夫妻伴侣关系出现问题时，第一个解决办法往往是"那我们去度假吧！去度个假，然后就会感觉好多了"。不过，现代社会的度假一般都要消耗我们更多的精力，要长途奔波，从早忙到晚，还要花不少钱。所以度假对于问题解决没有任何的帮助，而且很可能会把困扰你们的对立两极分得更开。有多少这样的度假旅游最终导致了矛盾的升级呢？

克服暂停的阻力

时至后半生的人们必须想方设法，用荣格的一句妙语来说，"得体地进入无意识状态"。我们都需要从日常那种满是紧张和重负的意识状态中解脱出来，想要切换一下状态也是再自然不过的一件事了。（看孩子们转圈圈，他们会一直转到晕头转向地摔倒。他们会笑自己傻，然后站起来，再来一次。）得体地进入无意识状态是指目的明确地停止大脑中不断嗡嗡作响的信息——而不是通过那些过度以及机械的工作、暴饮暴食、毒品药物、疯狂购物、性行为、疯狂刷剧或其他强迫性重复行为来遮蔽意识。

一位名叫蕾切尔（Rachel）的来访者来向我寻求帮助时，她的生活一团糟，似乎无法调整自己的步调。她带着手机进入咨询室，还经常打断我们的谈话去接电话。

有一天，我终于十分生气地问她每小时能挣多少钱。

"我的服务费是每小时120美元。"她自豪地回答。

我又问道："那我能花钱雇你一个小时吗？"

她同意了。我雇了她一个小时，并告诉她，我要她坐在椅子上，哪儿也不许去，什么也不用做。于是她照做了。她没法停下来是因为她需要一直做些什么，但她愿意为了赚120美元来做停下来这件事。这是我唯一能让她暂停手上的一切事务并且思考"存在"的办法了。

通过调整专注力，我们能够跳出，也就是超越我们固有的习惯模式，获得与更伟大、更完整事物的同调联结。在悠久而丰富的精神性传统中，人们会通过祈祷和冥想达到超然的心境，让自己的生命重新流动起来。人们以此来向宇宙中的无限潜能和机遇敞开心扉。

我们的生活过于奔波忙碌，大多数时候不会怀疑自己的体验，因此，我们忽视了自己随时可能感知、感受或思考的大部分事物。

但这一切依然存在。调整专注力对于拓展我们的意识领域至关重要。

练习："有为"与"存在"之间的切换

我开发了一种练习方式，可以帮助人们将专注的意识带入日常活动中，我称之为"'有为'（doing）与'存在'（being）的切换"。你可以在站着、坐着、躺着、慢跑或者是工作的时候随时切换，除了操作高强度或有潜在危险的设备（如开车）之外，其他任何情况下都可以进行这项练习。

●将意识带到你当下的体验之中：可以是别人说的话、你脑中的想法，抑或是你周围看起来恒定不变的景象。让一切事物都充溢着"有为"的意识状态。一切看起来是那么正常、坚实而又真切，此即所谓的客体恒常性（object constancy）。这种体验方式就像是给现实拍快照，会获得系列定格的图像。这个环节持续约三十秒钟。

●接下来，将你的意识切换到"存在"的状态上。让你头脑中的思绪逐渐松弛下来。你无法强迫自己意识到"存在"，只需要将原本锚定在内容和形式上的注意力缓缓放松下来就好了。从你身体不断变化的感观开始，去体会生命之流在自己体内和周围的流动。此刻，你是放松的还是不安的？你会不由自主地做出哪些细微的动作呢？

●继续深入。注意念头之间的那些空隙，看看你是否可以在下一个念头出现之前就预料到它，然后在它们之间的空隙里停留一会儿。留心任何即将浮现的模式，关注自己的感受和联想，无须评判，只保持观察即可。你的脑海中可能会浮现出一些奇怪的念头和画面，试着观察它们的变化。心智，本身就是不断变化和流动着的，而我们却借由它将这个世界体验为坚实而真切的。它更像是一部电影，而非快照。享受它在你面前徐徐展开吧。这个环节持续约三十秒钟。

●现在，再次切换，回到"有为"的意识状态上。"有为"包括外在或内在的各种感知。它感知的对象既可以是对外部世界的画面、声音和气味，也可以是你脑海中的种种念头和评论。倘若你迷失在"存在"的体验中，不妨借助自我提问来切换回"有为"的模式：我的钥匙放在哪儿了呢？我的钱包在哪儿呢？这些提示很快就会让我们现代人恢复到专注的"有为"状态。现实的边界很快就会变得明晰起来，因为钥匙、皮夹和钱包与我们的身份认同感密切相关。这样一来，你的自我意识会立马全神贯注起来。

试着每天做一两次"'有为'与'存在'的切换"练习，每次只要花几分钟时间就足够了。如果平时实在太忙，那就不妨把排队等候的时间拿来做练习，这样可以避免自己过于焦虑和难受。晚上入睡前也可以试试这项练习。这就像跳舞一样，有时你会主动领舞，而下一秒你又会跟着一起摇摆，在"有为"与"存在"之间的切换中，你会有意识地调节自己的注意力："有为"……"存在"……"有为"……"存在"。这样可以帮助你学会转换自己的意识状态。

正如第二章所述，在人生最初的几十年，我们会将未实现的潜能投射到他人，比如偶像、导师以及亲密关系伴侣身上，以此来获得成长。在成熟后的岁月里，我们的任务是逐渐整合这些力量，将无意识意识化，重新拾起我们内心尚未体验但业已准备就绪的部分。

正如荣格所言，从本质上讲，心理治疗有两个核心目标：在人生的前半段，帮助人们更好地融入生活的洪流之中；而在后半段，则需要将它们重新拉出来。

随着年龄的增长，我们完全有可能，也应该放弃那些曾引导我们进入生活的各种投射，我们亦可以修通内心中的情结——那些习惯性的、束缚我们的思维与行为模式。通过充分利用人生旋流中心的静止点，我们将学会全新的体验方式。在人生的后半段，象征（symbols）这项能力会变得越发重要，因为它能将我们与无意识中强大、无形的力量直接联结起来。我们因此得以用象征的方式来理解我们的世界，从而为日常体验带来新的深度和意义，而不仅仅停留在生活的掠影浮光之中。这便是第五章的主题——象征（有时也称为"神话般的"）生活。

练习：我是谁？

做这项练习时，你需要找一位搭档与你配合。找一个安静舒适、不被打扰的空间，你和搭档彼此相对而坐。你的搭档会问你"你是谁？"，你可以用任何你想到的内容来作答，比如"我是一名作家、一位不错的朋友、一位妻子、一位女儿、一位母亲……"

你的搭档要将这些信息反馈给你，重复他所听到的内容，如"我知道，你是一位作家、一位不错的朋友、一位妻子"，等等。如果你和大多数人一样，那么，一开始可能会通过各种外在角色和社会身份来定义自己。我们通常都会用职业、名片、爱好和财产来描述自己。

接下来，你的搭档再次提问："你是谁？"这一次，你需要做出不一样的回答。随着更深入的思考，你的答案开始涉及一些内在品质，例如，"我经常生气，我很孤独，我很悲伤。"你可以试着将这些陈述句转换为现在时态，用更为主动的过程来表述："我内心感受到愤怒""我体验到孤独""悲伤笼罩了我"。

之后，你的搭档会再次反馈他听到的内容，并再次提问："你是谁？"随着这项练习的深入，尽你所能地体会"你自己究竟是谁"的感觉，尽可能地思考关乎自己的方方面面，比如"我是一个普通人""我很痛苦""我喜欢……"。当然，不要照本宣科地模仿这些参考答案，看看你会自发地想到些什么。你心中涌现的第一个念头往往是最珍贵的。你的搭档需要把你这些方面的身份特质统统反馈给你，然后再问一次："你究竟是谁？"

这样的对话练习可以持续三十分钟左右，直到你的自我意识已经穷尽了对"你是谁"的所有二元对立观点为止。在接近"我是……"的临界点时，你只需闭上眼睛，沉浸在自己的"存在"之中即可。

第五章

象征生活：
治愈我们的片面性

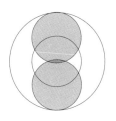

在前面的故事中，我们已经了解了关于卡斯托尔和波吕克斯的身世：他们的母亲勒达同时怀上了丈夫斯巴达王廷达瑞俄斯和奥林匹斯之王宙斯的孩子。

　　这个神话故事还有另外一个版本：宙斯曾追求名为涅墨西斯（Nemesis）的复仇女神[1]，她是黑夜女神之女。涅墨西斯不想和宙斯结合，只能又羞又怒地不断躲避。她飞过陆地，飞过黑海，但是无论去到何处，宙斯都紧追不舍。为了进一步摆脱宙斯的追逐，女神开始幻化成陆地上的各种生灵。就在女神涅墨西斯变成一只天鹅时，宙斯也顺势变成一只天鹅与其交配。后来，女神涅墨西斯下了一个蛋，海伦和波吕克斯兄妹二人便是从这个蛋中出生的。这个蛋被勒达发现了，她将其放在自己的胸前孵化。在勒达自己的孩子，也就是卡斯托尔和克吕泰墨斯特拉出生的那天，海伦和波吕克斯这对双胞胎也从蛋中破壳而出。勒达对外宣称这两个孩子也是她自己的亲生骨肉。

1　涅墨西斯（Nemesis）为古希腊神话中冷酷无情的复仇女神。——译者注

究竟这个神话的哪个版本才是正确的呢？在两个版本的故事中，卡斯托尔和波吕克斯从小就是最好的朋友，也最终要面对痛苦的分离，然而，我们还是忍不住想知道，神话的细节是否重要。与史实不同，古代传说不受时间的影响，是具有永恒性质的心理事实。所以在阅读这些古代传说时我们必须不断提醒自己，它们讲述的是内在心灵的故事。神话兼具多重功能和多维价值，也就是说，对于来自不同文化背景以及身处不同时代的人来说，神话可能具有完全不同的意义。即便是对于同一个人来说，在其不同的人生发展阶段，神话中的意涵可能也不尽相同。在神话故事中并没有抽象的真理等着我们去发现，其中蕴含的是对意义和价值复杂而精妙的阐述。

我钦佩古希腊神话的一个原因在于，古人对我们生命中最重要的体验有着各种不同版本的故事。只有通过充分阅读并深入思考故事中的多元性和多样性，我们方能学会欣赏心灵和人生的错综复杂及其终极奥义。

这个故事，以及世界各地与之类似的象征故事，皆可以作为引领人类心灵迈向觉知之旅的心灵地图。所有生命都可以从象征层面来解读（通过允许一切境况发生，让自我参与进来，迫使它重塑意义，从而重新构建我们的存在）。实际上，正是象征层面的生活使我们可以超越未竟人生的悔恨、失望和束缚，从而实现生命的意义和圆满。我们能够进入神话的感性世界中，这种能力使我们的精神性体验成为可能。正如耶稣所说，天国遍布世间，只不过我们看不见而已。通过与那些非我部分的相遇，你会体验到更大的觉知。倘若奥秘可以被直接知晓，那它们也就毫无奥秘可言了。

符号与象征

我们人类试图通过语言这样一种方式来表达意义。有时候，我们使用的词语或图像并不完全是描述性的，比如现代社会中各式各样的缩写，如UN、UPS、LAPD，假如你懂得的话，这些词有其固定含义，如"联合国""联合包裹服务公司""洛杉矶警察局"。这些缩写词便是一种符号。

不同于符号，象征则有着不止一种，而是多种超越其自身的可能意义。所谓象征，指的是一个词语、名称或图像，它本身虽然是我们所熟悉的，但其内涵和应用同时会指向一些隐含的、模糊的、未知的意义。例如，十字架这个意象。对基督徒来说，十字架代表的含义远不止两条线的交叉这么简单，而是拥有更为广阔的无意识面向和特征，我们永远无法对此做出精确定义，也无法给出彻底的解释。荣格指出，在探索象征时，我们的心灵由理性和逻辑之外的东西所引领。宇宙中有着无数的事物是超出了人类理性理解范围的。

象征所具有的整合力量是人类经验中最为深刻而震撼的秘密之一。这种力量体现在全世界所有伟大的宗教体系、艺术、诗歌、音乐、科学以及文化当中。我们拥有深厚而丰富的象征生命的传承，但是我们与文化传统中所包含的诸多象征之间的关系出了问题。

现代社会已经遗失了象征生活的力量，虽然我们尚未摆脱对它的需要。

从外部世界收回你未能实现的部分，通过改变自己的人生来实现这些潜能，这么做确实会很有帮助。不过，这通常不太现实，甚至不太可能。举例来说，你往往只能通过内在体验的方式来修通与已故父母、去世配偶之间的恩怨纠葛或与上帝进行对话。当我们在象征生活的层面上体验到内心尚未开发的潜力时，这种体验往往会更加深刻和强烈，而且会收获更多的个人成长。有太多的现实只能在想象层面得到接纳。只要有意愿探索象征层面的生活，那你永远都不缺乏机会来踏上你未曾走过的那条道路。

试着想想看，人生中有哪些事情是你没办法做却觉得自己有必要去经历的呢？也许你的个子比较矮小，却一直想要成为高个儿；也许你一直梦想着生活在热带天堂，却始终未能实现；又或许，你一直希望自己变得苗条、美丽、聪明、健硕。

象征层面的生活是化解这种两难困境的唯一出路。

在特定形式的想象中，你也可以来到你未竟的人生之中，看看倘若选择了一条不同的道路，会是什么感觉。你可以同时体验到消极和积极两个不同的部分。这里的重点在于"体验"，因为经由想象之力而留存下来的便是体验，它可以给我们带来改变。假如带着觉知、全然投入地进行主动想象，内在体验亦可以变成心理现实。这种方法不同于白日梦和被动幻想，更不是夸大的妄想。它需要你投入真正的努力——时间、专注、开放的心态以及放弃意识观点的意愿，从而放慢那些通常在你内心自动发生、几乎不被注意到的过程。在第六章中，我们将会引导你通过具体的步骤来练习主动想象这一强有力的技巧，它类似于大声地披露自己梦境的做法。

一旦你允许象征意象从内心升起，接着在你的想象中，你开始与这些内在的形象展开沟通、互动，那么，这些对话将会揭示出你从未知晓的那部分自己。

象征层面的生活可以满足你对未曾走过之路的渴望，而又不必颠覆一直以来你历尽千辛万苦才得以建立起来的人生。在许多情况下，你甚至会发现，原本理想中的人生或许并不比你现在的人生精彩多少，它们只是有所不同而已。然而，去体验这些对你而言是至关重要的人生，因为支撑你真实存在所不可或缺的一切能量都需要以某种方式表达出来。

重整支离破碎

象征这一概念几乎和心灵一样，既强有力而又难以定义。从词源来看，"象征"（symbol）和"铙钹"（cymbal）[1]两个词之间存在一些关联，也许我们可以从中找到理解它的线索。象征，在字典中被描述为通过联想来代表其他事物的词语或意象，"尤其用于唤起对无形事物的体验"。铙钹的意思是"相互敲击"，就像管弦乐

1　cymbal，铙钹、铜钹。民间也叫作"镲"，是一种传统的打击乐器。唐代杜佑《通典》中曾记载："铜钹亦谓之铜盘，出西戎及南蛮，其圆数寸，隐起如浮沤，贯之以韦，相击以和乐也。"——译者注

队中使用的打击乐器,这种乐器是由两块铜片相互碰撞来发出复合音。我们要再一次回到古希腊时代来寻求指引。象征和铙钹两个词的词根都是sumballein,意为"随意拼凑在一起",因此我们或许可以说,象征过程就是把原本支离破碎的部分,把那些被分裂或排斥在外的东西重新拼接起来。

象征正是通过这种力量来治愈自我意识的对立面。语言能够将现实表述成固定的实体。然而,象征在人类语言中起到了一种极为特殊的作用。在非象征性的语言中,言语表达意味着确定、区分和界定,一个词语专门指向一个特定的实体;而象征则是开放式的,象征语言不以区分为主要目的,相反,它旨在将事物相互融合。例如,在一首诗中,花朵这个词的用法能够展现自身的多种可能性。当我们的意识心智在探索一个象征时,会被引导到一些超乎常理的念头上。因此,当涉及想象中的人物时,我们要能够接受那些不合理的、不符合我们通常思维习惯的事物。

正如我已经指出的,人类自发地创造出象征,这真是件不可思议的事!想要坐下来,手握纸笔,刻意发明一个象征是很难的。如果这么做的话,就像广告之类的宣传营销,往往只会创造出一个符号。我们都十分熟悉停车标志,那个红色的八角形标志意味着踩刹车,让你的车停下来。一个符号是有其确切含义的,并且这个含义是与意识思维联系在一起的。符号承载着特定的信息,而象征则承载着诸多可能的意义。象征存在于无意识之中(甚至就连我们的无意识概念也属于一种象征)。

有无数个夜晚,象征都会在你的梦中自然浮现,因为梦是自发

98

地产生而不是被人为地制造出来的。梦利用似乎已预先存在于无意识中的象征来整合我们身上的各种能量。如果你梦见昨天晚餐中吃的水果沙拉，这个梦中所提到的水果沙拉其实是一种象征，而不是仅仅告诉你你已经知道的一些东西——晚餐中的菜肴。象征会把那些被意识心智视作不相关的甚至相互矛盾的特质、想法或经验联系在一起。

随着我们变得更为理性、更有野心，也更加贪图享乐，我们已经失去了许多传统象征的力量，哪怕我们尚未失去对它们的需求。我们也许会认为，久而久之，我们便能摆脱对象征层面生活的需求。对非理性认知方式的摒弃造成了一种真空环境，那里充斥着世俗世界的各种产物，它们深知我们的欠缺和渴求并从中获利，也许就是我们自己创造出的那些神经症的仪式。或许我们并不像自己想象的那样可以自由选择，可以任意丢弃象征行为。

被神经症的仪式所取代的象征生活

我们现如今不再定期举行斋戒，而这一仪式恰恰是许多智慧传承所倡导的，是极具意义和象征层面的行为；取而代之的是，我们让自己沦为了常年节食的奴隶，这是一种低级的仪式，丧失了与无意识更深层次的联结。当我们跨越人生中某个重要的关口时，我们也不再诚心地念诵祝福或祈祷，取而代之的是很多人会反复检查自己在镜中的模样，捻一缕头发，点上一支烟，或者喝上一杯咖啡。

我们已经在很大程度上失去了与深度象征的联结，但是象征的影响力和日常生活中的象征感受却依然存在。倘若你能够观察自己身上自然而然出现的象征，并借由一些简单易行却独属于你个人的仪式来与其建立联结，那么，你将会再次体验到象征生活的诸多古老力量。

有一个具体的例子，也许有助于你在脑海中树立起对象征生活的原则印象。小时候的一场意外事故导致了我身体上的残疾。当一个人的身体出现肉眼可见的损伤，就会诸多受限，有些潜能也就此湮灭了。于我而言，此生再也无法自由奔跑了。丧失抑或无法发展出某项能力，这会带来一系列无法触及和经历的人生体验。在我的例子中，每个人都具有跑步的天赋，但当这种能力被剥夺时，客观上就无能为力了。无法实现的潜能最终被埋没了。

如同一切未能触及的生命体验一样，我体内那个无法实现的奔跑者也具有危险性。通常它都会以一种神经症的形式出现。小时候的我，十分痴迷于远洋航巡的船只和体育运动，然而，我此生再也无缘成为一名水手或运动员。对此的渴望只能成为心底蠢蠢欲动的潜能，总是试图以某种症状的形式闯入意识之中。

回想一下，象征层面的生活要求你把曾经一分为二的两部分重新拼接起来。那在这个例子中，被一分为二的是什么？一部分是与生俱来的奔跑能力以及与这一人类天性相连的自由感；另一部分则是丧失奔跑能力这一事实。这是一种两难困境。于是我转而选择发展其他的才能，如音乐和写作。与此同时，航海、奔跑和体育运动成了我无法触及的生命体验，即我的一部分未竟人生。

象征行为简式

象征能够将这些破碎的部分在某种程度上结合在一起，从而让两种需求都得到满足，这简直不可思议。一个人必须奔跑，却又动弹不得。如果被卡在这样的矛盾之中，这种对立的冲突很容易导致神经症。

象征层面的行为，用最简单的话来说，就是在做出某件事的同时又避免直接做出这件事。如果你能学会做到这一点——把对立的力量整合在一起，那么你就能以一种重要的方式解放自己。

继续我们所举的例子，一个人要如何通过象征层面的生活来解决无法奔跑的难题呢？也许，可以通过其他活动来升华内心的欲望。比如，你可以预订乘船旅行，购买俯瞰大海的房子，享受海上生活的故事，而不需要非得让自己成为一名水手。以上所有这些事情我都做了。同样，你也不需要非得成为一名运动员。取而代之，你可以收集棒球卡，观看其他人比赛。这些事我也做了。但是无论如何，这些替代活动仍然无法真正满足我内心对于奔跑的强烈渴求。我幻想着自己"四分钟跑完一英里"[1]的感觉，健步如飞，耳后

---

1 "四分钟跑完一英里"（4-munites mile）：1945年，一英里跑的世界纪录为四分零一秒。当时人们以为很快便会有人能超越这一秒，突破四分钟大关。然而，这一纪录却保持了近十年，因此很多人将"四分钟跑完一英里"当作不可能完成的任务。但是，1954年有人打破了这个纪录，并且之后几年内又有数十名运动员先后突破了这个曾一度被认为"无法逾越"的极限。因此，"四分钟跑完一英里"可以引申为坚持信念、突破极限。——译者注

生风。

但我们真正需要的，其实是象征层面的行为。要想转化对立两极的冲突，我们就必须在进行不曾体验之事的同时又不做这些事情。换句话说，象征性地思考，而不是就事论事地具象化思考。

多年以前，有段时间我身上这个未能实现的面向似乎尤为急迫，于是我发明出了一种想象练习：我跟自己残疾的双腿进行对话。如果在我进行这个自创仪式的时候恰好有人经过，透过我的肩膀看过去，场面可能会略显尴尬。不过作为在自己家里这样一个私密的地方进行的象征行为，它却令人酣畅淋漓。这也让我意识到象征生活的力量。当我聆听到自己的双腿多年来为了背负我的欲望所承受的一切，我大为震撼，被感动得热泪盈眶。

我："为什么！天哪，为什么这一切要发生在我的身上？"

双腿："那它应该发生在谁身上呢？"

我："没有人！这不公平。"

双腿："的确。生活本就不公平。"

我："我没有做错什么。我当时还只是个小孩，只不过是在错误的时间出现在错误的地点。"

双腿："确实。你为什么那么恨我？"

我："因为你让我沦为其他人奚落嘲笑的对象。我失去了生命中很重要的一部分。小时候每次玩游戏，我都是最后被挑剩下的那个，这让我备受羞辱。和其他人交朋友是件很难堪，甚至是不太可能的事。每次遭到拒绝，我都认为是你的缺陷造成的。"

双腿："我已经竭尽我所能来保持你对自己生命的热忱。"

我："我知道你已经……"（愤怒化为悲恸，我已经泪流满面。）

双腿："因为你无法在课间奔跑，于是你学会在生命中的其他时刻奔跑。你也学会了悲悯，去接纳差异。这种遗憾让你有机会获得精神性体验，也就是对自己宝贵的内在世界的初次觉知和体悟。"

我："是这样的，但我内心深处仍然渴望自己能在四分钟跑完一英里。"

腿："那你有没有什么办法可以不在现实世界里这么做，但又能实现这一夙愿呢？"

我："什么意思？？？"

我们的对话到此陷入了僵局。之后，我不得不一次次重新回到这个地方。之后，出现了一个意象。虽然它看上去有些荒谬，但确实如此。我发明了一个仪式，用两根牙签在砧板上移动。这么做时，我会让自己想象，当我飞奔过儿时家宅附近一片开阔田野时，微风吹过我的脸庞，草丛里的蚱蜢被我惊扰得纷纷跳开来。我在象征层面去体验着奔跑的自由，这是我在现实世界中永远无法经历的体验。这是我发明象征行为最初的一次小试牛刀。

再举一个例子。有位朋友最近在抱怨这几年自己身为人父的种种负担。十多年来，他和妻子都酷爱旅行。他们喜欢到诸如巴黎这样的文化圣地游玩，去参观美术馆和博物馆，在高级餐厅悠闲地享受着晚餐时光，增进彼此的亲密感。直到两年前这对夫妻有了第一个孩子，一切都发生了翻天覆地的变化。现在，他们又怀上了第二个孩子。

"原来的幸福小日子一去不复返了。"我的朋友无奈地承认。我们聊了他对独处、文化以及与他妻子之间恬静亲密的渴望。他该如何通过象征行为来处理这些需求呢？几周之后，我很欣喜地得知，在一次与岳父母共度的"强制"家庭感恩节期间，他抽出时间进行了两次短途旅行：一次是和妻子在附近的小树林里散步45分钟，这期间孩子交由外祖父母照看；另一次是开车回家的路上绕道去参观一些画廊和古董店。"我又呼吸到了一点儿自由的气息，所以就没那么哀怨了。"他说道。

现在，不妨花点儿时间想一下生活中几件你无法做，但又觉得自己非得去做的事情。或许你是梨形身材却想要变苗条，或许你对伴侣心生厌倦，又或许你想要其他一些什么东西。也许你非常想要启程去看看外面的世界，却又不得不照顾年迈或生病的父母。你的生命中有什么未竟却急切的渴望？它又如何在你生活中以神经症的模式表达出来呢？

错觉真爱

让我们来看另外一个例子。假设你在当前的亲密关系之外又有了新欢，你被对方深深地吸引了。不管是否有悖道德，对方就是令你神魂颠倒。正如前文提到的，人生来便有情欲，自然生命使然，这也是自然界的强大本能。但是我们生活在一个文明教化的社会之中，这里的规则要求我们不能破坏其他人的生活。你该怎么办？

有一种健康的替代方式可以带来真实的体验：在你的生活中找到一处可以安放这些欲望的地方。不要试图以出轨的方式来实现，这是无意识地将其付诸了行动（act it out），这样的做法只能让自己沦为未竟人生的受害者。相反，请仔细思考这种如此吸引你的激情是怎样在你现在的生活中消失不见的，它背后的渴望又是什么？

我认识一位名叫考特妮（Courtney）的女子，她正面临着这样的两难困境。她来见我的时候，对此一筹莫展。我们发现，她内心有一部分对总是要做个好人、尽职尽责、循规蹈矩感到极度厌恶。考特妮嫁入了一个还算体面的家庭，但这个家庭有些沉闷、因循守旧，她在一个小镇上安了家，献身在家庭事务上。她的邻居，一位在印度开办出国留学项目的大学教授吸引了她的注意。他为人通达老练，处事热情洋溢，而且风度翩翩，内心富有精神性，这些恰好是考特妮生命中所缺失的品质。

如我之前所说，如果你选择了一些东西，那与此同时就是"选择放弃"另一些东西。那些没被选择的东西可能会带来麻烦。倘若你对那些放弃的东西无所作为的话，它就会在无意识的某处造成轻微的感染，之后对你展开报复。考特妮选择了一种循规蹈矩的生活，但这并不能彻底消除她对另一些品质的需求，而这些品质恰恰在街那头新搬来的那个男人身上体现出来。

不妨尝试一下这个十分简单但非常实用的通用原则：我怎么能

在不做这件事（表达未触及的生命体验）的同时又做这件事呢？

打个比方，你爱上了自己邻居家的丈夫，在这种情况下，其实很难让自己在享受一段充满激情的亲密关系的同时，又不给身边人带来严重伤害。当然，你也可以选择默默压抑自己内心的情欲，假装根本没有这回事。但是以上两种选择都不尽如人意。最终，你只能纠结于两种同样不幸的选择之间。

在这种情况下，如果你不是毫无觉察地肆意而为，而是与心灵中的困顿之处一块儿好好合作，你便可以利用它让自己变得更加完整。你的第一步是要弄清楚对方吸引你的究竟是什么，然后将他身上的特别之处列个清单。也许他看起来自信满满、光彩照人、人情通达；也许是显得清新脱俗；又或许他是个"坏男孩"。接着，你也应该意识到，在某种程度上这些品质同样也是你自己身上未发展或未触及的部分。你必须找到一条路径去和自身的这些品质建立联结。无论是通过寻觅一个你所爱之人，让他替你来承载这些品质，还是在错误的层面上盲目追求这些品质，借由这些方式来实现这些品质注定是悲剧一场，这也是世界上许多伤害和痛苦的根源所在。那些在别人身上光芒闪耀的品质正是深藏于你自身之中，有望瓜熟蒂落的潜能。你必须想方设法让这些未被触及的生命体验以象征性的方式得到尊重，令它们得到滋养。

举例来说，如果你被一个"坏男孩"吸引，这很可能意味着你在自己的生活中过于安分守己了。也许你太努力想要成为一个好人了，那么，就不得不倾听来自另一面的声音，以此获得生命的平衡。（这个问题常常出现在牧师、政治家、名门望族，以及那些认为自己必须表现出全然的"好"的人身上。会有那么一天，他们自身"坏"的一面就会通过无意识的方式呈现出来。）

你要怎么突破一点点规则，更加自主地拥有一点儿所谓的"坏"品质呢？你是怎样变得如此缺乏这种品质的呢？是不是存在某种核心信念，阻止你表达这些未能触及的体验呢？要在人生的后半段实现个体化（individuate），你需要填补自身人格中所缺失的部分，这样你才能变得更有觉知、更加完整。荣格心理学术语"阴影（shadow）"指的就是个体无意识领域中的一切内容。我们可以说，那些不曾体验的未竟人生就是阴影的一部分，它们能够且必须被整合到我们的人格之中。我们其实本就拥有那些孜孜以求却投射于他人身上的品质和能量。

你越发执着于自己的意识角色，那么，遭遇阴影侵袭之时你就越发脆弱。被压抑的能量之后就会以各种狰狞的面貌显现出来，如突如其来的艳遇、令人难堪的暴怒，抑或其他一些轻率的举动。无论是通过无意识行为、对他人的投射，还是诸如焦虑、抑郁之类的心理障碍以及心身疾病，那些未曾触及的生命体验总会找到自己的出口。

这是否意味着你必须同时拥有创造力和破坏力，让光明与黑暗兼具一身呢？的确如此，不过，在何处或以何种方式来偿还黑暗的代价是可以由你自己来做主的。

当"只是说不"难以奏效

尽管从小我们便学会各种道德准则，很多时候，仅仅说"我不想要这么做"并不足以消除所有对被禁止之事的念想。因为这会引发内心的冲突。我们谁也不知道，究竟有多少种躯体疾病其实是未触及的人生体验所引发的战事与硝烟。在试图践行某个"只是说不"的道德原则时，你很可能会感到胃部不适、背痛、头痛或其他的一些疾病。

事实上，在我们未曾触及的那些人生体验中，有些品质并不值得尊重，也不文明。比如，跟所有人一样，我也有股子破坏的倾向。我们人类的破坏力从体育赛事中便可见一斑：观众们十分期待球场、拳击台以及冰场上的角逐与厮杀，甚至还为此加油助威，欢呼雀跃；人们还会排着队观看高楼大厦在巨大的爆炸中被摧毁；我们会对海啸和飓风的破坏力深感敬畏，并不止一次地观看可怕的相关新闻报道。

我会尽力对自己的破坏性力量保持觉知，不让它在周遭的世界中表现出来。破坏性是我未竟人生的一部分。这部分我不愿意声张，但它却会不时地闯进我的意识之中，在面临压力时更容易发生。为了处理这部分能量，我必须找到一些象征性的方式来表达这种破坏性。

幸运的是，我们能够选择不同程度地来触及自己未竟人生的体验。这可以从一些不起眼的小试验着手。举例来说，出于这种破坏力，我有可能会徒手捏扁要扔掉的牛奶盒，暴力地狂抓树叶，将冰块砸向砖墙，用力击打沙袋，这些都是我日常练习的一部分。这些活动看上去也许有点儿傻，也许微不足道，但是你总得从某个地方开始。或许我会撕掉手稿，毫不留情地撕碎其中所表达的软弱无力的思想；又或许我会打破一些执着的幻觉，才能看得更清楚。

曾经有一位找我咨询的女士，向我坦白她的私生活十分混乱。她非常享受自己通过引诱男人来获得权力的感觉。她哭得梨花带雨，承认自己从未在任何男人身上感受过情感上的亲密，也几乎没有过高潮体验，并且在性行为结束的当下就感到异常恶心。"只要我和一个男人单独相处，我就能捕捉到机会。只言片语或举手投足间就能轻松吸引对方的注意力，引诱随即上演。"她说道，"在某种程度上来说，这就像是一个令我欲罢不能的游戏。"

那她该怎么办呢？

仅仅想象某种象征层面的行为是远远不够的，那无法满足你的冲动或你未曾体验的生命。想要有效，解决方案中必须包含实际的行为。在善于诱惑的女士这个案例中，我要求她给她引诱过的每位男士都写一封信，但不要寄出去。每一封信中，她可以有意识地表达自己的感受、动机和意图。她把这当作一种朴素的忏悔仪式来进行，她还把这些信带给我看，并在一次心理咨询中声情并茂地大声朗读出来。这其中有些信的内容让她痛哭流涕，有些则让她勃然大怒。她创造出一种象征性的仪式。在这个过程中，我的来访者意识到由于自身对脆弱的恐惧，她从未真正体验过真实的亲密感。

那天之后，每当她感到有冲动要发泄时，她都会先写一封信，从而让无意识变得意识化。

虽然我提供了许多例子，但其实并没有一个简单通用的法门。仪式必须是根据你自己的实际情况来量身定制的。我有一位名叫杰克的朋友，有好多年，他每个早上都要出门，一边绕着后院的一棵树转圈，一边与树交谈。无论杰克遇到什么问题，那棵树似乎都能给他提供明智的建议。对另一个人来说，跟树之间的象征性仪式可能毫无意义。他必须设计出对自己有意义的行为仪式。

宗教传统中蕴含着丰富的习俗和仪式来帮助一个人面对他可能会遇到的任何事情。有着各种各样的仪式可以帮助我们跨过人生阶段的各个门槛，如出生、成年、结婚和死亡。对有些人来说，既定的仪式依然非常奏效。不过，有时候你也可以根据自己的实际需要来修改宗教仪式，如此一来，开出来的药（宗教仪式）才能对你的症，这是创造力的最高体现。

对象征生活的渴望

荣格在20世纪50年代就曾指出，他发现西方人越来越缺乏象征层面的生活。"只有象征层面的生活才能表达心灵的需求——请注意，是心灵的日常需求。然而，因为人们缺少这种东西（象征生活），他们就永远无法走出这种可怕的、折磨人的、平庸的生活，在这样的生活中，他们'一无是处'。"荣格被我们这个时代的实利主义同行们所激怒，这些人坚持认为人类只不过是条件反射或社会建构的角色而已，又或者生命只不过是偶然的基因突变以及适者生存的结果。

情况允许的话，荣格会把他的病人转介回他们成长过程中所熟悉的宗教环境中去，以帮助病人处理神经症的问题。他能够理解现代人心灵的不安，也知道伟大的宗教体系曾在历史上提供了有利于象征情感的意象和群体。但是，如果宗教组织无法持续提供令人满意的答案，那么，我们就不得不利用我们自身无意识中涌现出的象征物，启程去继续"追寻"。

"追寻"一词也许会让人想起朝圣或某种类型的精神之旅，事实上，这与我们过去所说的宗教危机有关。追寻包括倾听你内在的智慧，认真严肃地对待它、忠于它，并以一种宗教式的态度来接近它。在荣格心理学中，这种追寻被称作个性化——发现你自身的独特性，并找到自己的目标和意义。它与完整性有关，不是某种不分青红皂白的整体，而是你与其他一切事物之间的特定关系。通过修通自身生命的独特性，而不是试图逃避或跳脱具体的生活，你才会变得更加完整。

"尽管大多数人并不知道为何我们的身体需要盐分，"荣格写道，"但由于本能的需要，每个人都离不开它。心灵也是如此。"自古以来，人们就必定要相信每个生命都有其终极的目标，死亡只是一个中转站。这种宗教真理永远无法得到证实，然而，一直以来，它们却在所有文化中通过象征性的表现得以发扬光大。

一旦我们学会不再只是按部就班，而是象征性地理解我们的生命，我们眼前将会呈现全新的画面。这个世界，我们所生活的平凡无奇的世界，会再一次变得充满精神性、神秘互渗、富有意义且令人神往。

中年浪荡公子

性是未竟人生中一片广阔的领域（色情行业是互联网巨鳄之一）。或许我们之所以会在这个能量场中如此挣扎，是因为它囊括了我们生命的各个方面——身体、情感和精神。斯图尔特（Stewart）是一位年迈的浪荡公子，他来到我的咨询室，满脸自豪地告诉我他这一生从没工作过一天，他的人生目标是尽可能多地和不同人发生关系，即便他得意扬扬地笑着承认这种行为毫无意义，他也无法从中得到真正的满足感。尽管已经46岁了，斯图尔特还处在青少年的心理阶段。他每天花费数小时来浏览色情内容，跟女网友打情骂俏。当他跟我复述自己的性行为经过时，他仿佛完全变了一个人似的。那是一张放荡不羁、为所欲为的少年面孔。他以信托基金为生，醉心于无拘无束的惬意生活。他不希望自己的自由意志受到任何约束，尽管他知道走极端并不会让他的生活快乐或有意义。事实上，他根本一点儿都不自由——他总是冲动行事。对这位浪荡公子来说，有多少个女人都算不上是一个完整的女人。对遇到的每一个伴侣，他总是先理想化，然后发现对方的不完美，继而快速移情别恋，又开始下一场征服，但他从未体验过与任何人之间真正的亲密感。

我知道自己无法从道德上对他有任何成功的训导。斯图尔特已经听过了无数遍"说不"以及其他各种形式的宗教劝诫，但均无济于事。我并不想成为另一个让他反抗的家长。

"你的性能量需要得到救赎。"我说道，"那你可以如何表达这种能量而不真的这么'做'呢？"

他脸上得意扬扬的笑容顿时消失了不见了。

我问斯图尔特是否知道美国男性平均每毫升精液中至少有2000万个精细胞，而且这些细胞还在源源不断地生产出来。

"说的就是我吧！"他说道，把自己额头上的头发往后捋了捋。至少我赢得他的注意力了。

"这些精细胞都想要得到表达，"我继续说道，"最理想的情况是，在某个时候，一个男士可能会决定要几个孩子，但所有其他的精子会继续冲他嘶吼，如同来自地狱的哀号。"

这是一个极具说服力的隐喻。接着我问他如何才能满足这种创造性的冲动。"我才不要思考这事！"他这么说，而与此同时，他并没有这么做。

和大多数人一样，当你问他如何象征性地生活，而不是照字面意思直接去做时，他的脸上一片茫然。这中间过了好几周，但每次见到斯图尔特的时候，我都坚持自己的立场。我拒绝放过他。"你要怎样，才能在不做的同时又在做呢？"我不断地问道。

最终，斯图尔特带来了一个笔记本。里面是一系列情色主题的水墨画，他的画技十分高超。我们发现斯图尔特内在隐藏着成为一名艺术家的天赋。最初，只是寥寥几笔的速写，但逐渐演变成肖像画，接着就是静物画以及包含了人物、动物和植物的油画。他为自己在文明世界中找到了一处合适的位置。如今，斯图尔特已经很成功了，他在教授艺术，而且在画廊出售自己的作品。他找到了生活的意义，也不再仅仅将自己的创造性冲动浑浑噩噩地发泄在生命中一个逼仄的阴暗角落。

内在万物皆有归属

我们内在心灵中，没有任何一种事物是不应该存在的，即便它可能会以一种笨拙的方式或在不恰当的时间表现出来。关键在于让事物处在其适宜的层面之上。我们越是能通过相应方式将自己的潜能发挥得淋漓尽致，我们的生活就会变得越发完满、越发令人满意。要想弥补那些未曾触及的人生体验，我们需要转变问题，无须再问"我该怎么做才能摆脱我身上的这个错误？"，而是要问"为何正确之物会出现在错误的地方？"。

举例来说，我身上的破坏性情绪具有很高的价值，它会激发出诸多能量为我所用。有一种倾向，就是习惯性地把生活按照"好"与"坏"进行区分的人为分裂，这是造成我们无法悦纳并利用未竟人生之潜能的最大阻碍。如若我们有勇气以开放的心态来看待那些被压抑的品质，并将其应用得当的话，它们将会成为源源不断的积极力量。

全然接纳"坏"的一面，承认那也是我们自身的一部分，并认真思考它将会在我们生命中占有一席之地，这需要很大的勇气；而要直面我们内心欲望与冲动所迸发的吉光片羽则需要诚实和谦卑。有一方似乎义正词严地说"可以"，而另一方则声嘶力竭地呐喊着"不行"。

曾经，我有一位名叫作薇琪（Vickie）的来访者，她是位智商极高的工程师。薇琪正遭遇意义的危机，但是她看不起宗教。事情很快就明朗了：她无法接受任何人或任何事成为权威。我问起了她成长的宗教背景，她是新教徒，但她却对此嗤之以鼻。我告诉她，我接纳她对宗教的否定，但同时也让她知道她必须找到某种意义，否则她将被生活吞没。有时候，假如个体没有办法与超越其个人意志的某种存在建立起联结，那生活就会变得太过艰难。"为什么你不为自己构建一个新的宗教呢？"我建议道。这让她苦思冥想了好几个星期。我们继续探索对她而言什么是真理。

薇琪利用自己所接受的科学训练来搜寻心目中理想的词汇。又过了一周，她来见我的时候，完全精疲力竭、不知所措。"我发现了一些事，但那不过是基督教的另一个新名词。"她承认道。这对她而言是个伟大的时刻。薇琪认为进化论这个有关生命的科学理论是建立在大自然创造力的基础之上。她无法忍受"上帝"这个词，因此用"能量"来替代有关造物的思考。当她涉足量子物理学的时候，很快，她给人的感觉便像个活脱脱的神秘主义者了。

薇琪发现她自己的"新"世界和旧世界是相联结的。对有些人来说，"进化"是一个带有神秘主义色彩的词，它拥有特定的意义和结构，这是用以谈论神秘的一种方式。薇琪的生活开始统整起来，变得有意义、有目标，因为她看到，人类生活其实可以与一些伟大而神秘的事物息息相关。她找到了属于自己的一条通往象征层面生活的路径。

练习：鲜活的象征

你生命中无法表达的、被忽视的品质是什么？不妨试试这个简化版却十分有效的通用原则：我要怎样才能获得体验（表达自己未曾触及的人生体验）的同时又不盲目而为呢？

要设计一个仪式或象征性的行为，需遵循以下四个简单的步骤：

● 有意识地察觉你生活中的冲突或紧张感。

● 在你内心形成做与不做之间的张力，它需要在你的梦、想象和创造力中孕育，而不是被简单地付诸行动。

● 扪心自问："在这种情况下，我真正需要的是什么？我的生活中有哪些尚未实现的事情，哪些是我的生活变得更加完整和圆满所必需的？我能做些什么不同的、新颖的、意想不到的事情呢？"

● 让自己全身心沉浸在一个私人、积极的仪式或象征层面的活动中，直到你与它融为一体，直到你失去自我意识。

下一次当你被一个看似无法解决的矛盾困扰时，试着回想一下象征这个词被人遗忘的意涵："碰撞在一起"。可以用某种东

116

西来代表你生命中这两种无法相容事物之间的碰撞，先不要急于认定其中任何一方就是"好的"，而是让这些对立两极牢牢印刻你的脑海。倘若你耐心等待，神奇的事情便会发生。不妨问问自己："我怎么能在不做这件事的同时获得相关的体验呢？"如果你对象征层面的生活保持全然的开放，解决方案就会出现。

第六章

主动想象：
与自我对话

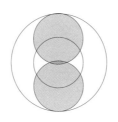

我自相矛盾吗？

那很好，我确实自相矛盾。

我恢宏壮阔，故能蕴藏万千。[1]

——沃尔特·惠特曼，《自我之歌》

自古以来，有意识地解决潜藏于我们内心的问题被奉为一种美德，这是诗人、牧师、艺术家和预言家的使命。主动想象涉及与意识中的自我进行慎重认真的对话，更准确地说，是透过与我们未竟的生命进行对话来转变我们的模式，这些模式虽然看不见，却塑造着我们的体验。

在主动想象中，你会观察到无意识中涌现的意象和声音并与之展开对话。你务必仔细审视它们的主张和意图。这是处理我们第三章中提到的情结最强有力的方式。你一旦学会观察自己的内在模式，它们就不再总是以条件反射的方式在你的生活中为所欲为了，

1　沃尔特·惠特曼（Walt Whitman），《自我之歌》（*Song of Myself*）。

你可以通过主动开启对话来改变它们。你需要扪心自问："究竟是我内心的哪个部分或哪个人物在表达这个观点？"将你的情结人格化（Personify）并与之争论。在梦和被动幻想中，自我不被注意也无人照料，因此它无处可去；与此相反，主动想象中的自我是真正参与到对话中的，正是意识的参与使得这项技术变得积极主动且高效有力。

我们大多数人需要定期进行像祈祷或冥想之类的练习，以此来保持我们生活的平衡。主动想象则是一种现代化的方式，通过它，我们可以与那些隐遁无形却深深影响着我们生命的力量建立联结。事实上，只有一种可能的方式可以开启我们对这门修习的讨论，用《圣经》里的话来说："把你脚上的鞋脱下来，因为你将要踏上的这片土地是圣洁的。"这项练习与宗教式的生活紧密相关。据我所知，与上帝最亲密的交流莫过于通过主动想象以及梦的工作来处理那些不曾触及的未竟人生了。在《圣经》中有大量经文早已证明了这一事实，但最近，我们似乎已然忘却了它们之中蕴含的真理。

主动想象是一种新形式的祈祷——对神圣力量的冥思苦索。回想一下，numinous一词指的是由神圣事物所唤起的、蕴含神秘和敬畏感的精神心智状态或直接体验。有史以来，我们人类便一直使用类似于主动想象的冥想方式来认识我们的神灵。正如科尔曼·巴克斯[1]告诉

---

1 科尔曼·巴克斯（Coleman Barks），美国当代诗人兼翻译家。巴克斯的诗歌深受威廉·华兹华斯、沃尔特·惠特曼和莱纳·玛丽亚·里尔克的影响。2004年，巴克斯因其支持各宗教间的深入理解工作而获得朱丽叶·霍利斯特奖。2006年，德黑兰大学授予巴克斯荣誉博士学位，以表彰他在鲁米翻译领域的贡献。巴克斯的翻译以其通俗易懂的抒情诗而闻名。——译者注

我们的那样，在苏菲派[1]的传统中，有三种与神秘相关的方式：一种是祈祷，另一种是冥想，此外，还有一种更亲密的方式是他们所说的对话。Sobbet是苏菲语，意思是"交流"，"也可以视作某种形式的友谊"[2]。

古希腊人如果要寻求神灵的指引，他们会求助于神祇在现实世界中的化身。他们会对着神像的耳朵祈祷，这样神就会听到。接着，请愿的人就会盯着神像看，直到神像点头、睁眼或闭眼，或以其他方式来回答。供奉给神的祭祀品也都是人类的一些食物：给天神供奉的是糕点、水果、美酒；给冥界之神供奉的则是蜜饼以及由牛奶、蜂蜜和水调制而成的饮料。常见的祭品以山羊、公鸡和公牛为主，熏香则是锦上添花的祭祀品。举行盛大的宴会来祭拜神灵对古希腊人来说是司空见惯的。

主动想象中，我们也在效仿这一古老的祭祀仪式。古人会与他们内心的人物交谈，而我们现代人则认为自己才更为文明和先进，因此反被各种情结和神经症困扰。古代的神像、神谕、圣物以及神圣场所作为能量寄托，存在于寻求指引之人的无意识之中。你的寄托又是什么呢？主动想象是探索未知"他者"的一种方法，无论这个他者对我们而言究竟是外在的神灵还是内在的心理体验。

1　苏菲派，伊斯兰教神秘主义派别。是对伊斯兰教信仰赋予隐秘奥义、奉行苦行禁欲功修方式的诸多兄弟会组织的统称。在精神的修炼方面，苏菲派在履行法定功课的基础上，通过长期的沉思冥想，净化心灵，达到"无我"精神状态，与真主合一。——译者注

2　科尔曼-巴克斯（Coleman Barks），《鲁米和凯尔特人：作为对话和友谊的灵魂》（*Rumi and the Celts: The Soul as Conversation and Friendship*），载于《抛物线》2004年冬季刊，第26页。

如今我们对象征生活视若无睹。我们对它不屑一顾，即便它非常值得聆听。如果有位病人带着心理问题来到我的咨询室，而我能够说服对方每天花上半小时时间自觉地练习内在对话，毋庸置疑，此人的病痛会得到明显的缓解。

主动想象是你能做得最好的功课，它可以帮助你重新体验自己未竟的生命，而且大部分练习可以独自完成。实际上，主动想象在很大程度上就是一项孤独的活动。然而，这项练习需要自律。相比于技能，主动想象更像是一门艺术，倘若你可以定期、规律地接触这门艺术，你便会囊橐充盈。运用得当的话，这项练习会让你身上曾经支离破碎或相互冲突的各个部分重新整合起来。

时下的怪论："我"的单一观

要接纳这种内在对话，我们首先必须重新思考现如今的一个基本错误，一个根深蒂固且日益荼毒人心的怪论："我"是单一、一元的。无论出于何种意图或目的，当一个人提到"我"的时候，几乎每个人指的都是一个统一的人格，一小片独立领域的主宰，一位拥有这个或那个、从事着这样或那样事情的男人或女人。从现实层面来说，将"我"当作一个单一的存在，使用单一人称来指代是有一定用处的。比如，我说要和你共进午餐，那么，不出意外的话，有一个"我"会履行相应的责任，在午餐时现身赴约。这即是责任，但事实可能与此相去甚远。"我"，至少透过圆满合一的上帝视角来看的话，本质上具有多重的意涵[1]。

这个"我"，需要太多的内容来填充，需要各种各样的能量和特质来构成。几乎每个人都会听到自己头脑中以连续独白形式出现的某种，或者更准确地说，几种声音。虽然大多数时候不会真的发出声，但我们内心的声音会评论、猜测、评判、抱怨以及絮叨。它们经常把当前的情况和过去进行比较，或是预演将来的可能场景。如果运作良好，我们的内心人物会帮助我们从过去吸取经验，并提供各式各样的观点。不幸的是，如果被限制或困住，它们也会成为我们最大的敌人。它们会进行攻击、实施惩罚，让人殚精竭虑、精疲力竭，将我们困在无尽的循环之中。令人欣慰的是，通过主动想象我们有可能做出回应，进而挑战，乃至救我们脱离未竟生命之困。

要想从这种对话中获益，你需要先克服自己的偏见，因为有人会认为与自己对话是一种心理有问题的表现。有些家长一旦发现自己的孩子有幻想中的玩伴，他们会十分担心。其实大可不必。在男孩儿群体中，拥有幻想中的玩伴，跟更低的攻击性呈正相关；在不同性别的孩子中均显示出更低的焦虑和更高的游戏持久度。有研究显示，拥有幻想同伴的儿童倾向于表现出更少的愤怒、恐惧和

---

1 更重要的是，虽然我们都知道"我"是什么意思，但仔细观察就很难理解，因为"自我"不是一个地方或一件事。在CT扫描中，在人脑解剖中，或者在我们的遗传密码中，都没有明确发现"自我"这个部位。"自我"是一个不断流动、不断变化的过程，因此将其称为动词而不是名词更为准确。我们不断地处于"自我"的过程当中，虽然我们有一种连续性的感觉，但在本质上，我们找不到持久的"我"。

悲伤[1]。

在我们这个以外部为导向、以物质为中心的社会里，幻想常常等同于不真实。在使用"想象"这个术语时，我想削弱这种真实与不真实之间的区别，并倡导一个更为宽泛的概念，以尊重幻想的真实性。内心的人物和意象，它们在心理上是非常真实的。在我们一生的不同阶段中都能发现想象中的对话：儿时，小朋友们会玩过家家游戏，会跟玩偶以及想象中的玩伴对话；成年后，梦和幻想、祈祷、私人谈话和思考，乃至在文学艺术作品中都可以找到幻想的踪迹。不过，在精神病学临床实践中，这类对话在大多数情况下是不被鼓励的。幻想和理性被认为是水火不容的，如果成人身上仍持续出现想象对话，这甚至会被视作病理的表现。

幻想体验的真实性

我们的文化对幻想持有巨大的集体偏见。这反映在人们的日常对话当中，如"你只是在幻想""这完全不是真的，只不过是我瞎编的"。由于人们普遍认为象征是虚构的，许多人也就自然而然地忽略了内在体验。他们会想："我只是在自说自话"或者"这些都

1　玛丽·沃特金斯（Mary Watkins），《看不见的客人：想象对话的发展》（*Invisible Guests: The Development of Imagined Dialogues*，纽约：连续国际出版集团，2000年）。此项工作包含了对发展心理学和他们对只能听到一种声音这一态度的批评。我借鉴了她对"想象"一词的用法。沃特金斯是20世纪70年代与詹姆斯·希尔曼（James Hillman）共同发展原型心理学的先驱之一。

是我编出来的，根本毫无意义"。事实上，在幻想中没有人会编造出任何东西。幻想中出现的意象均来自无意识。更确切地说，内在体验是象征性的，但是通过这些象征我们可以直接体验到内在更深层、更宏大的面向。假如理解得当，象征层面的活动可以将心理能量转化为意识心理可以感知到的意象。因为主动想象从意识觉知之外的材料汲取灵感，故此，它可以提供那些未被觉察的视角。

体验往往是真实的，哪怕并非源自外在现实。与梦境和被动想象不同，意识自我会真正地参与到对话当中，正是意识的参与让其变得积极主动、高效而有力。意识自我和无意识在幻想之地接触融合，这让我们有机会在不同的觉知水平之间建立起真实不虚的持续沟通，于是，也能进一步了解我们自己究竟是谁以及我们会成为什么样的人。

这便是人类心灵中的象征体验进入意识后所显现出来的伟大力量，它给我们带来的影响丝毫不亚于现实体验。它能够重塑我们的态度，为我们提供训诫并改变我们的行为模式，其力度更甚于我们不经意间经历的外部事件。一切体验一旦变得有意义，就能给我们的人性带来滋养。

在主动想象中，与其说你在自言自语，不如说你在参与一场内心的戏剧。你会开始理解自己的不同面向并从中学习，而在此之前，你从未清醒地认真思考过它们。假如有人质疑这种体验是否"真实"，我只能回答："它比真实更加真实。"它不仅会对我们的外部存在带来肉眼可见的影响，还能让我们与超个人的力量建立起联结。它所触及的现实比我们日常生活中的大多数零星事件要深刻得多。你永远无法摆脱内心世界的人物，就像无法消除对健康自我的需求一样，但你可以促进它们之间的融洽关系，而不是挑起它们之间的战争。

自我对话早已开启，无效而已

社会心理学家欧文·戈夫曼的研究[1]表明，在浴室和汽车这样的私人空间里，我们成年人会持续不断地跟自己对话（即便被人撞见时难免会尴尬）。我们会对自己的事业侃侃而谈，不断重温和某人之间的争论，对自己的行为评头论足，并用社评员的语气加以褒贬。尽管自言自语有悖社会的约定俗成，我们还是这么做了。事实上，人们的脑海中几乎无时无刻不在进行着各种对话，尽管我们倾向于认为这就像鱼会喝水一样，是理所当然的。

换句话说，我们其实一直都在和自己对话。问题在于，这些对话中的大部分仍然是被动的。我们反复播放着旧磁带，一遍遍地重复着同样的旧认知模式，却并未积极地参与其中。

可遗憾的是，想象中的对话与现实中的世俗观点相悖。现实观点认为我们所交谈的对象不可能是神灵、天使、缪斯或其他看不见的人物形象。而且，这种形式的自我对话与单一自我观相矛盾，后者信奉的是某种稳固不变的身份认同理念，并不认为我们不断变化的情绪和态度也许意味着自我具有多样性的特点。

1　欧文·戈夫曼（Erving Goffman），《日常生活中的自我呈现》（*The Presentation of Self in Everyday Life*，纽约：船锚丛书社，1959年）。

在你的日常生活中，倘若想象对话这一方式可以与抽象思维、外部社交这些能力一同蓬勃发展的话，后果将会如何呢？现实并不必然与幻想对立，将这些人物形象拟人化也并非心智未开化或不成熟的病理表现。拟人化的形象会自发地出现在梦境、诗歌以及游戏当中，构成我们思维的基石，反映出心灵富有想象力的本质。

一旦固执己见的自我人格可以放下对控制和稳定的执着，我们就能在享受狂喜的同时保持一定的觉醒。伊斯兰教苏菲派将这一状态称作"伽那（gana）"，意即个体自我的湮灭使得游戏精神得以展现。精神性传统中有各式各样的仪式来达成这种全然接纳的状态。比如，放慢身体的节律，让心灵平静下来，如同冥想或诸如诵唱、舞蹈、祈祷之类的重复性活动中那样，这些源远流长的传承皆可以帮助人们为创造性成长做好准备。客观世界和意识自我终将归于寂灭，直至最后只剩下游戏。或者更为确切地说，从无意识中产生的力量始终在同我们玩耍。

最初开始探索自己的未竟人生时，我几乎每天都会发现一个新角色、一股新能量，终于，我忍不住想知道："究竟何时是个头呢？还能走多远？到底有多少个我？边界又在哪里？"也许这就是我们阅读小说的原因——为了尽可能多地了解自己。直到有一天，我恍然大悟，突然意识到每个人身上都蕴含着人类有史以来所拥有的一切特质，因此，你不仅仅是这个小"我"，你实则内含寰宇，包罗万象。一方面，我们每个人都是芸芸众生里的一分子；另一方面，我们同时也是整个宇宙场能量的汇聚点。你既是个体，同时又超越个体。如果你开始仔细审视自己未曾经历过的人生体验，就会发现有无数的内在冲动和角色形象一直在寻找表达的出口。也许你从此再也不需要阅读小说了，你会发现自己原来就是一本行走的小说，而所有角色都是"我"的一部分。

更重要的是，你身上所迸发出的每一种潜能都弥足珍贵，其中许多都需要以某种方式来加以表达。成为全然的整体是一场游戏，而这场游戏中没有什么是要丢弃的。正如你离不开组成身体的任何一个器官一样，你也无法离开这些形色各异的能量。你需要善用一切可用之物。

与阴影面相遇

一旦转变视角，你就陷入了一个有趣的两难境地，因为你在自己身上发现的某些特质显然是不为文明社会所接纳的。比如说，对我而言，要承认如下这个事实是相当难堪的：我身上有着不容否认的贪欲。这一领悟痛彻心扉，却让人无法回避。如同我的发色和耳朵的形状一样，这种特质是与生俱来的。聊以慰藉的是，并非只有我一个人身上存在这种贪欲，尽管如此，也改变不了我有责任要处理自身贪婪的事实，这令我感到痛苦万分。

贪欲可能会表现为疯狂地囤积或攥紧某些东西，想要占有别人，或者是在感觉或经历过去之后还执着不放。吃得太多（暴食）也是一种贪欲。幸运的是，我同时也是个理想主义者，还是个温暖、友善之人，我和朋友们有着深厚的情感联结。所以，我会有意识地选择不让这种贪欲落在我所关心的这些人身上——在我力所能及的情况下。这对他们和我来说都太过痛苦了，因此，我尽量不让它表现出来。可是，它去哪儿了呢？

我无法摆脱这种能量，无计可施。即便我可以带上隐形眼镜，让眼睛的颜色看上去不一样，但依然改变不了瞳孔真实的颜色。身边的人只要跟我待在一起的时间足够长，就能看到我眼睛真实的颜色。最终，他们同样会发现我内心的贪欲。因为这原本就是属于我的一部分。在我疲惫无力、不堪重负、被生活的需求压垮、被世俗生活的瑕疵和苦难打败时，它就会显现出来。多年来在这上面下的苦功，让我可以更好地应对自己身上这个未竟的部分，但是它仍会时不时冒出来，我也会因此感到无地自容。

主动想象这一方法可以有效地帮助你应对人格中那些难以启齿和令人难堪的面向，如贪欲、残忍、暴怒、妒忌、嫉妒、贪财好色。所谓的"七宗罪"其实根植于我们每个人心中，假如我们否认这点，就会将其投射到周围人身上，或者它们会在意识松懈之时破土而出。你可以从任何一种情绪开始思考：这种情绪背后的意象是什么？一旦将心灵能量注入意象，它就能被意识加以利用。

通过与无意识的坦诚对话，我们发现的不仅是自己的阴暗面。正如前文提到的，我们内心中一些最好的品质，即我们人格中的良金美玉，对大多数人来说反而是最难应对的。往往是那些最高尚的能量，如我们温柔、关爱、慷慨和崇高的能力，被隐藏得最为辛苦，而这些能量在我们的外在生活中同样难以表达。举例来说，你不可能径直来到初次邂逅的人面前说："你身上有些非常迷人的东西，我爱你。"这根本行不通。这是我们的社会所不允许的，而且会造成严重的混乱。然而，爱的能力是人类众多潜能中最优秀的品质之一。

内心的修行提供了一种方法，让我们既能活出金玉，亦能活出阴影——所有那些在我们日常琐碎生活中无处安放的潜能。

我们可以看到，主动想象包括直面未竟的生命以及与之建立起对话。如此一来，你可以活出完整的生命而无须破坏维系文明生活的文化和社会规则。

"这只是我编造出来的"

就其主动想象技术，荣格曾写道："有人说，医生会和病人一样耽溺于幻想之中。我认为这种不同意见并不是在反驳我。我十分重视幻想的价值……想象力的创造性活动使人类突破了'仅此而已'的局限，解放了人类的游戏精神。正如席勒所说，人只有在游戏时才是完全意义上的人。我的目标是帮助病人获得一种使用其自然天性来体验的心理状态，一种流动、变化和成长的状态。在这种状态下，没有什么是永恒不变的，也没有什么是无药可救、顽固不化的。"[1]

当你练了一段时间的想象对话之后，你就会开始发现，未竟人生带来的影响几乎无处不在。只不过我们通常把这类遭遇当作"仅仅"是情绪、巧合和意外，或理解为是其他人试图将其意志强

1　C. G. 荣格，《荣格文集·心理治疗的目的》，第16卷，第97、98段。

加于我们。

"他者"无时无刻不在，正寻求与你互动。假如"他者"不再出乎你的意料，那么，它也就不那么有别于你。我们大多数人被它追着跑，根本无须我们去追逐未竟的生命，因为它每天都会出现。然而，内在特质的呈现形式却因人而异。

认识你的内心人物

荣格曾经说过，其分析心理学思想中最终成为核心原则的一切内容全都源自他在主动想象中的内在精神导师——腓利门[1]（Philemon，这是一位早期基督教殉道者的名字）。为这些内在的能量命名，并与之建立联结，就如同你和现实世界中的人建立关系一样，这是练习主动想象的关键所在。

在我早期的分析师受训经历中，一经了解到这一点，随即便着手尝试与我自己内在的精神导师建立联结。很快我就大失所望，因为一无所获。我为此郁闷了好几个月，觉得自己无法胜任真正的内在工作。在这之后的某一天，我突然意识到我有一位守护神——圣

---

1 "腓利门"（Philemon）即内在精神导师的意象。与弗洛伊德决裂后，荣格开始直接面对无意识。1913年，荣格逐渐从无意识中获得了一个重要的意象："腓利门"，它是从希伯来一个先知的形象中发展而来的。荣格将"腓利门"这一意象理解为自己的内在导师，其所代表的是更高级的洞察力。这一意象促进荣格理解"心理的真实性"，通过与"腓利门"的沟通，也帮助荣格形成并完善了其主动想象技术。——译者注

菲利普·内里（St. Phillip of Nary）[1]。我花了些精力去图书馆做了些研究。我得知圣菲利普是16世纪意大利的一位神父。接着，在主动想象中，我毕恭毕敬地询问圣菲利普是否愿意屈尊与我这样卑微的人交谈。答复从我的笔尖倾泻而出，跃然纸上："我已经等候你多年了。是什么耽误了你这么久？我有不少事情要告诉你。"这次的勇敢尝试让我发现了内心中与我的精神生活有关的一股力量。

想让主动想象见效，至关重要的是充分留意我们内心人物的自主性以及脾气秉性。你必须让自己未曾体验过的生活以其本然面目存在，而不是迫使它成为意识概念中应有的样子。同样，就如同现实生活中的关系，你一旦向内心人物许下承诺，便有义务兑现诺言。在现实世界中，假如你的动机仅仅是为了获得凌驾于伴侣之上的权利，最终你很可能会失去这段关系，与内心人物的关系也是如此。

反过来，我们也绝不能让无意识完全无视意识层面的价值观，彻底摆脱责任的制约。如果缺少自我的参与，无意识就会以旧模式肆意妄行，不受约束，无法得到救赎。那么，也就没有任何关系可言，我们也终将一无所获。

一黑一白、亦正亦邪、善恶参半——我们每个人内心都有一个不可思议的故事。主动想象的核心目标是缓解这些未竟之事造成的神经症式的压力以及抉择性焦虑，并将其转移到真正属于它的层面，即促成对立两极之间的绝妙对话，宛如天国之歌。

1　圣菲利普·内里（St. Phillip of Nary，1515—1595），意大利神父，是反改革时期的杰出神秘主义者之一。——译者注

开端：解除意识的束缚

这样的内在对话有其规则。第一，这必须是真正势均力敌的平等会面。你和未竟潜能势必要不断地诚挚往来。假如在现实世界中的法庭上，无论需要多长时间，法官都会希望听取来自双方的意见。

第二，将内心世界的能量或品质当作人物角色来处理，也就是将其拟人化，这是个相当有效的方法。像对待现实生活中的人那样去对待他们。尽你所能以礼相待，在对话中赋予他们对等的权利。注意，我并不是说在生活中给予他们对等的权利，因为那么做会引起太多混乱，也会造成太多破坏，但是，在这个私人对话中赋予其对等的权利则是可行的。在主动想象中，即便是个体的贪欲都可以享有平等的机会。

很多人喜欢在电脑上进行主动想象。我一旦开始，就会在手动打字机上飞速打字，试着跟上内部对话的节奏。这时候，拼写和标点都荡然无存。有些人更喜欢在笔记本上来进行这项练习。你也需要找到某种适合你自己的方式来记录这一体验。

要唤起无意识中的意象，这对大多数人来说是最棘手的部分。每个人都会有阻抗，你首先要约束自己才能开启这一旅程。通常，人们都会稍作尝试，接着就告诉我说这简直毫无意义，因为"完全是在瞎编"。我的回答是"很好，那就继续多编一些吧"[1]。

第一步需要耐心和专注。大多数情况下，最初的努力很可能不得其所，在很长一段时间内可能不会出现任何东西。这必须锲而不舍地练习，直至意识的束缚开始松动，换句话说，直到你能顺其自然，随遇而安。

最开始你也许会觉得十分荒谬。你那控制欲极强的自我很可能会认为"根本没有人"或是"就算有人，也没什么可说的"。假如你感到窘迫或羞愧难当，这往往意味着有很多能量正被激起。无论有任何意象、情绪或是身体感受冒出来，尝试着专注在那上面，不要让"小鸟飞走了"，直到它解释为什么它会出现在你面前，它从无意识中带来了什么信息，或者它想从你那里得到什么。

你可能会发现自己想起了一大堆其他应该做的事情。正如荣格所指出的，"意识永远在干扰、带领、纠正和否定，从不让心灵过程平静安宁地成长，妨碍客观地观察幻想的片段是如何发展的。没有什么比这更简单的了，但困难也恰始于此。显而易见，一个人没有幻想，又或者有，但太愚蠢了。太多完美的反对理由。这个人无法集中精神，这太无聊了，反正它也无法带来任何东西，它'不过'是这或那。意识心理会提出无数反对意见"[2]。

你可以从任意一个意象着手。你可以凝视着它，认真细致地观

---

1 关于这一点的详细探讨，请参阅罗伯特·约翰逊的著作《与梦对话：荣格的释梦法与积极想象》（*Inner Work: Using Dreams and Creative Imagination for Personal Growth and Integration*，哈珀柯林斯出版集团旧金山出版社，1989年）。
2 C.G.荣格，《荣格文集·金花的秘密》，第13卷，第20段。

察内心画面是如何展开或变化的。不要试图去改变它，不妨静观其变，什么都不用做。如此凝思后的任何一个心灵画面，迟早会在自发的关联中产生变化。不过，你绝对要避免心浮气躁地从一个主题迅速跳到另一个主题。全神贯注在你所选择的那个意象上，等待它自然而然地发生变化。假如这个人物会说话，那么，就把你要说的话说出来，然后倾听对方的回应。

你应该赋予这些象征性的人物多少身份特征呢？细节会令其栩栩如生的。我的贪欲聒噪、野蛮、粗鲁。我不仅给他取了名字，我还能给你描述出他的衣着打扮是什么样子。

运用自我的伦理力量

与那些提倡要彻底摆脱自我的精神性修习相反，在荣格心理学中，自我是我们真实的身份认同至关重要的一部分，前提是我们要意识到它并非你的全部。正是自我意识能够让我们理解这个现实世界是如何来运作的。如果你不曾体验的未竟人生中有股跃跃欲试的能量，这并不意味着你就真的要冲出去这么做。

在伦理感的引导下，意识自我要设置一定的边界，以防象征性进程变得不近人情、虚无缥缈、造成破坏，或是沦为极端的危害。原始的自然本性并不关心诸如公平、正义，以及保护弱者这些人类文明社会的价值观。摧毁美国新奥尔良的飓风和侵入人体健康组织的癌症都毫无道德可言。正是人类意识将这些价值观引入自然界的——我们因此得以在一段时间内参与神圣潜能的展现。由于主动想象中出现的能量通常都是对非人格自然力量的拟人化表达，因此我们的意识就必须设置边界。如果不存在伦理冲突，就谈不上意识的发展。

荣格曾经讲过这样一则故事，一位前来接受分析的年轻男子梦见女朋友不小心掉进结冰的湖里，就快要淹死了。在梦中，这名男子瘫坐一旁。荣格建议他不能干坐着，任由命运的冷酷之力将其内心的女性力量杀死。他建议这名男子运用主动想象，想办法把这名女子从水里拉上来、生起火、为女子找来干燥衣物、救她的命。这是一位具有道德、伦理感的仁义之人都会做的事情。如同我们会在现实世界中遵循这些原则一样，将这种责任感带入未竟人生的能量之中，这是自我的职责所在。

伦理操守是一种言行一致的原则。品行合乎伦理之人，他们为人处世真心实意，会竭尽全力让自己的行为符合自身的价值观。如若你的行为和你的核心特质不一致，这意味着人格出现分裂。逃避伦理责任使我们失去完整性。

因此，与未竟人生的某些面向进行对话时，你必须坚持与自己性格相符的行为。让你的日常生活安然如常，让自己的人际关系井然有序。想要生活在任何一种群体之中，我们都有道义为我们的无意识能量做些事情。不妨把未经历过的生命体验所提出的需求转化为可以象征性地处理之物，将其融入日常生活之中，而不破坏到它。

能够"顺其自然"是很有必要的，但是过度沉溺于此就会变得有害。刚开始的时候，20～30分钟的练习就足够了。进行太长时间的主动想象并不会有什么帮助，假如做过了头，最终还会产生阻抗。在一天内，一点点全神贯注的内在工作就足够了。如果你觉得有点儿一发不可收拾的苗头，那就请及时打住。一定要重视适可而止的道理，第二天可以再重新开始练习。

必要的仪式

倘若你已经开启同自己未竟人生体验之间的对话，最后的一步便是找到一种方式来向这段关系致敬。在你为这些未实现的能量在现实世界中找到归宿和目标之前，事情仍未结束。对无意识的洞见必须转化成伦理义务。

仪式需要富有意义的身体力行。现代生活中，我们倾向于把所有事都抽象化，用口头谈论来替代直接的情绪体验。因此，为了让转变更加有效，我们必须让感觉和身体参与进来。为了让自己的未竟人生得以显现，你要让它有机会以某种方式进入你的情感、肌肉纤维，乃至每一个身体细胞中。

我们有必要做一些现实的事情，让未竟人生的能量具体化，以免它再次沉入无意识的阴暗之地。但你千万不要将其付诸行动。从心理学的角度来看，付诸行动（act out）是指将我们内心、主观的冲突和冲动，直接通过外在和身体的方式表现出来。进行主动想象便为此提供了机会，因为这一过程中会产生诸多无意识幻想内容。举例来说，一位男士在主动想象中与自己的内在女性争论不休，他势必要十分小心，不要转头就和妻子发生类似的争吵。

总体来说，主动想象中最后这一步并非要让你将幻想直接活成现实。更多时候，未竟人生的整合所需的是象征层面的表达。如果没办法区分这一点，你可能会陷入麻烦并造成伤害。主动想象并不是允许你将那些幻想以原始、直白的方式直接付诸行动。

主动想象是一门颇为古老的艺术，写作当然也不是它唯一的表达形式。有人会选择跳舞，有人喜欢绘画或雕刻，还有人会通过慢跑的方式来呈现。视觉型的人可能会看到一些画面并将其画出来，而语言型的人则可能会听到声音。

最近我有一次持续了数周的内在体验。我脑中闪过一个令人头晕目眩的念头："你一无是处。你从未成为一名真正的作家，事实上，你根本就不会写作。你毫无天赋可言。当然，就算你已经出版过几本书，甚至还被翻译成不同的语言，但是你的书却从来没有登上《纽约时报》的畅销书排行榜。"我稍作思考，然后打消了这个念头："那么，到底是谁想要登上《纽约时报》的畅销书排行榜呢？"

"嗯，是我想。"对方回答道。

好吧。于是我带着这一回答来到电脑前，开始与这部分恼人的未竟人生进行工作。在主动想象的过程中，我发现自己体内有一股力量，因为我从未写出过一部畅销书——就是你可以在杂货店收银台或塔吉特（Target）和沃尔玛（Walmart）商店看到的那种书，所以我感到无比自卑，仿佛那就是衡量我人生成功与否的标准。这个心怀不满的角色在我未竟的人生中咆哮。

因此，我想象自己的新书荣登《纽约时报》畅销书排行榜的情景。我甚至还接受了奥普拉（Oprah）[1]的采访，难以置信地功成名就。最开始的时候，我还沾沾自喜。我还忍不住自我恭维了一番（记住，这一切都是象征性的），电话铃声此起彼伏，人们都为我送上祝贺；各种邮件纷至沓来，都是邀请我去演讲、代言产品、上电视节目的。我继续这段美妙的想象之旅，大笔财富随之而来。很快，我的朋友们到处吹捧我，人们纷纷向我要签名，这让我觉得自己像个大人物。自己的书大卖后，我不得不雇了一个助手来记录所有的往来信件。不久，我就无法分辨哪些人是真心与我交往，哪些人只是贪慕我的名声和地位。接着，有狗仔开始挖掘我的过去，缠着我拍照。我完全没有了个人隐私。我从来都不想要这些浮名虚誉。这种状况不断变本加厉，直到我引为鉴戒。

主动想象能够带来真切的体验、现实的缩影，其影响力丝毫不亚于在外部世界中的生活经历。不妨回顾一下本书第四章中有关情结是如何在大脑中形成的内容：无论是来自外部的真实的经历，还是内心鲜活的体验，它们都会建立起神经通路。这就意味着我们并不是非要在现实生活中经历所有重要的体验，意识会逐渐发展，我们完全可以借由象征层面的行动来回应未竟人生中那些棘手的呐喊。上述这个例子中，我发现自己长期以来对于功成名就的幻想有利有弊。而这一切都发生在主动想象中，于是我就能从头来过。我

1　奥普拉·温弗瑞（Oprah Winfrey），美国电视脱口秀节目主持人、演员及制片人，其电视脱口秀节目赢得了史上最高收视率。她的脱口秀节目，因其随意和煽情的形式而闻名，吸引了全世界范围内数百万计的观众。奥普拉在节目中专访过很多世界顶级明星，比如"流行音乐之王"迈克尔·杰克逊、"流行天后"玛丽亚·凯莉、惠特尼·休斯顿等。——译者注

决定，自己写的书只要能够在这个世界上获得其一席之地就可以了，如果它能成功，那当然很好。但是我不再被未竟人生的一角纠缠不休，也不再有恼人的情结不胜其烦地说我是个失败者。

有了这段体验，我现在对这部分未竟人生有了截然不同的看法。那种渴求、投机、自大或者是不忿——不管它究竟是什么，它都已经在我的生命中体验过了。因此，我成了一个更具安全感、更容易知足的人。我在电脑上进行了好几次主动想象，方才参透这个问题。但是我认为自己很幸运，这种烦人的幻觉已经平息下来了。它不再是会破坏我幸福的干扰信息了。

如果你有某种萦绕不休的幻想，实际上无人可以幸免，那么，将其转化为主动想象是上上之策。幻想通常都是片面之物。我们意图从幻想中攫取尽可能多的快乐，却从不关注它的另一面。所以，幻想年复一年，变化甚微。相比之下，象征层面的生活体验，其积极主动的本质却能促使改变发生。我准备开始尽自己所能来进行最具智慧的对话。

下面是另一个例子。我也许会这样对自己身上的贪欲提问。

我："你昨晚到底为什么要突然在那个聚会上现身？我居然那么渴望得到关注，这让我感到无地自容。"

我自身的贪欲很可能会说："嗯……你整天都在扮演好人，想要让别人相信你是个多么好的人，你从来没有过妒忌或贪婪的感受。所以，我认为是时候让大家看看你到底是个什么样的人了。"

他的话不无道理。如果一个人刻意追求乐善好施或努力将自己打造成德厚流光之人，他的那些"黑暗"品质就会作为一种平衡的力量而出现。拿我自己来说，显然我内心中的贪欲已经受够了。

我："你如果一直这么下去，我会失去所有朋友的尊重。没有人会想被别人占有或被利用。如果别人发现我很贪婪，很快就会没人想要和我有任何瓜葛了。"

贪欲："我并没有骗你。你确实贪婪。其实你乐在其中！"

我："你觉得你就能一直说真话吗？"

贪欲："这倒是句大实话。"

我："呃，你不能这样。我不会让你得逞的。一方面，这会把人们推开。我们很快就会被人逐出门，流落街头的。另一方面，过后我会感到非常内疚。"

贪欲："在你的生命中，丝毫没有我的容身之处。我早就受够了。"

我："这正是我们进行这个对话的原因。我正竭尽全力地让自己活得恭谦有礼、文明而理智，我不能任由你突然冒出来毁了这一切。我不会让你得逞的。"

贪欲："好吧。如果你认为可以抛弃我，永远当一个胆小如鼠的懦夫，那你就大错特错了。"

对话就一直这样持续下去，直至这股精力被完全耗竭。我为自己的贪欲找到了容身之地，而我在现实生活中一贯追求的高风亮节这类品质也得到了平衡，维持在力所能及的范围内。这便是象征性的对话。

千姿百态的内心角色

请注意，此番对话也可能发生在我与自身的内在批评者、长期受苦的内在受害者、暴怒的愤世嫉俗者、受惊的内心小孩儿，抑或富有创造力的缪斯女神之间。你内心的哪个声音想要被听见，因此惹出了事端？不断纠缠着你，让你焦虑、抑郁、不满、恐惧的是哪个内心人物？如果你稍加留意，便会发现内心的评论声无时不在。这些是出自谁的声音？它们每一位所支持的是什么？反对的又是什么呢？你会发现一群形色各异的人物角色，地下世界的幽影和能量正在寻找化身。这会是一段痛苦的经历，而且最开始与内心人物进行对话会让人觉得有些荒谬。有些人害怕自言自语意味着自己是"多重人格"或病得很重。

诚然，对有些人来说，练习主动想象有可能会失控。在你开始尝试这项技术之前，最好能够先找到一位对此有所了解的人，以便在你需要时可以及时求助。这个人可以是一位牧师、心理咨询师或是一位值得你信赖的好友。假如你停不下来，或是无法驾驭这个内心人物，那么，这项技术目前可能还不适合你。主动想象并不适合那些被无意识内容所湮没的人，比如被诊断为解离性身份认同障碍[1]

---

1 解离性身份认同障碍（Dissociative Identity Disorder，DID），它是指一种戏剧性的解离性障碍，在这种障碍中显示出两种或更多的不同身份或人格状态，这些不同身份与人格交替以某种方式控制着患者的行为和感知。——译者注

的患者。

这个过程有一定的内在风险——它可能会给你的生活带来翻天覆地的变化。分析师芭芭拉·汉娜[1]曾经说过，如果进行主动想象时，你的膝盖不曾颤抖，那便算不上真正的主动想象。你有可能会呼吸困难，甚至一段时间内焦虑感还会增加。这是真实的体验。

天才和精神病人之间的区别是什么呢？是自我意识的力量。你决不能将自己的生活完全托付给无意识。病人别无选择，而健康的自我会选择倾听无意识，并以价值观、道德和伦理责任来回应它。值得注意的是，在解离性身份认同障碍（过去被称作多重人格障碍）中，通常没有象征性的对话，只有连续的独白。这种类型的病患对一系列不同的内在人物产生认同或受其控制，而自我却时常对其他声音毫无察觉。在主动想象中，我们所经历的多重身份体验是与我们进行对话的不同的内心人物。与此同时，自我功能仍然很强大，并且一直是价值观的裁决者。而在高度解离的状态下，人是缺少反思性自我的。

即便你拥有一个强大、健康的自我，一旦此项内在工作变得一发不可收拾，那么，你也应该谨慎行事。有些人对无意识已经过于开放了，更多的无意识只会让他们陷入麻烦。但大多数人的问题恰恰相反：他们无法从容地放开手脚，从而画地自限。

主动想象既可以设定议题，也可以不做硬性的设定。举例来

---

1 芭芭拉·汉娜（Barbara Hannah，1891—1986），荣格的学生及亲密追随者，也是后荣格时代分析心理学领域中经典学派的代表人物，主要著作为《荣格传记回忆录：生平与成就》一书。——译者注

说，假如我在昨晚的聚会上让自己难堪了，我回到家后，就可以找个安静的地方坐下来，然后说："看！我不能和这么贪婪的人住在同一副身躯里。"这么做就是设定了相关议题。

在运用这项技术时，有一个技巧可以帮助我们扬长避短：大部分对话是由"我说"和"他说"组成的。对话一旦开启，就好比有人开始在你脑海深处播放电影，故事缓缓展开。看上去也许会滔滔不绝，但当你把未竟体验的这些面向带入私人对话时，你的自我意识和未竟人生将开始相互调和，彼此将具备对方的某些特质。你可以从最初看上去完全不可调和的事物中得到一个可行、值得体验的整合体。

与那些夜间依稀残存的梦境、白日梦以及被动幻想有所不同，在主动想象中，你是一位主动的参与者。这就是积极性想象的积极面。你并非只能被动地接受，你能够也必须进行反驳。在无意识中所遇到的一些人格化的能量是神圣的，而另一些会对社会准则完全不屑一顾。我们很容易会将无意识过度理想化，但实际上从那里出现的能量是多种多样的：既有强大的，也有弱小的；既有仁慈的，也有阴险的；既有帮助性的，也有毁灭性的。正如分析师玛丽-露易丝·冯·弗兰兹[1]所说，主动想象"是一种游戏，只不过是一种极其严肃的游戏"。换句话说，不要把无意识领域中的每一个声音都

---

1 玛丽-露易丝·冯·弗兰兹（Marie-Louise von Franz，1915—1998）是公认的最杰出的荣格继承者，一生致力于发展荣格的分析心理学理论，其研究内容涉及童话、梦、神话学、主动想象、共时性等主题。其著作常使用大量实际经验与临床案例，佐以平易近人的语言来讲述。——译者注

当作圣灵发出的启示，这一点至关重要。内心世界其实是自相矛盾的，有利有弊。幻想的天地并非始终如一、完美无瑕的精神导师，阴暗深处的意象确实会向我们提出要求，但我们不能对他们言听计从。我们要在无意识的幽冥之域和自我意识的日间世界之间建立对话。

如前文所述，你的内心对话应该被记录下来、写下来，或者打印出来。这是一种重要的保护措施，能够防止我们被无意识中的强大力量征服，或将这种体验变成另一种被动的幻想。将它记下来也是保存了一份记录，这样你就可以在事后回忆并消化这些体验。

化被动幻想为主动想象

下面我会介绍一个例子，看看怎样以安全有效的方式来进行主动想象工作。

曾有一度，我意识到自己沉迷于一个南太平洋岛屿的幻想中不可自拔，这个幻想始终如一，我也完全不想要有任何变化，因为它实在是太甜美了！幻想的内容大致是我和一位美丽少女一起逃到一座岛屿上，岛上种满椰子树，那里阳光明媚，我们纵情声色。仿佛在不断重复播放同一部影片。这个幻想让我得到相当大的慰藉，我尽情地享受它带来的欢愉。这样经年累月下来，幻想中的快乐似乎失去了它的动力，但我仍然因为从未在真实的人生中实现这一幻想而感到愤愤不平。

当我对内在对话这门艺术越来越有体悟时，我发现多年来自己一直在利用这种幻想，而它却从未使我的性格有任何长进。它已经变成了一种毫无意义的强迫性重复，没有带来任何内在的成长。有一天，我再次进入这部内心电影，开始问出一些问题。幻想开始发生变化、移动，不再是一成不变的。它呈现一种前所未有的内在现实。我询问那位海岛天堂中的姑娘，问她想要什么，她居然开始答复我！听上去她想要得到爱慕，但同时她也想要自由。她告诉我，她已经厌倦了整日在海滩上闲坐，她想在我的现实生活中占有一席之地。我得到召唤，将更多的美妙感、情绪感受和感官享受带到自己的现实生活中。

将被动而重复的幻想转化成内心主动而真实的主动想象，这是你能做的最有价值的事情之一。

我们大多数人害怕自己内心所涌现之象。它也许会打开一个巨大的能量场，给你的外部生活带来真正的麻烦。因此，你需要和它建立起真正的关联，并且还要私下进行。千万不要告诉你的伴侣你正幻想着自己在海岛上与一位少女沉湎淫逸。可以先和你的内心角色聊一下，再来修通它。

说回我的故事，当我将海岛幻想转变成主动想象，它就呈现新的维度。首先，我在岛上发现了蚊子；接着，雨季便开始了；最终，那位美丽少女怀孕了！主动想象通过给旧模式注入一点儿现实感来调整它，于是，我就能放手了。我的这部分未竟人生得到了整合。在心灵的这个小角落里，再没有嫉妒或遗憾了。

练习：和你自己好好谈谈

人类的所有能力都是用进废退的。你的想象能力，就跟你的肌肉一样，可能需要一些锻炼才能恢复到最佳状态。下列这项练习源自精神综合治疗技术[1]，你可以随时进行练习。

请闭上你的双眼，想象一支笔缓缓将你的名字写在一块黑板上。现在，试着想象一些不同的形状：一个三角形、一个正方形，再来一个圆形。现在，想象一位你所爱之人的面孔。接下来，在脑海中想象你最喜欢的一处自然景点。

接下来，想象自己的触觉，一次一个：想象自己触摸到粗糙的混凝土表面、一根羽毛、深涧清流、一条丝巾。

在你的想象中，体验这些东西的味道、温度和质感：冰淇淋、葡萄干、坚果、熟桃子、辣椒。

现在，想象你可以闻到下面这些物品：一朵玫瑰花、新鲜的曲奇饼、海上微风、爆米花。

接下来，继续保持闭眼的状态，想象你能听到：有人叫你的名字、屋顶上的雨声、救护车的警笛声、饭店里人们的交谈声、小铃铛发出的声音。

一旦你的想象技巧得到一定程度的提升，就可以开始加入一些

1　皮耶罗·费鲁奇（Piero Ferrucci），《我们可能是什么》（*What We May Be*，纽约：企鹅出版集团塔彻尔出版社，2004年）。这本书详细地介绍了精神综合疗法这一技术，并提供了开发个人想象能力的一些练习。

内心的人物。选择一个有争议的话题，问问自己对它的看法或感受。你可以在安静的房间里独自做这件事。接着仔细倾听，看看你体内的其他能量系统是否有不同的看法，允许它出现。现在，可以尝试在内心这些不同面向之间开启一个对话。让一些能量加入辩论，甚至可以夸大各自的观点。这样做，直到参与对话的能量耗尽。

换个话题继续这项练习。选择一个你已经非常熟悉的内心人物，比如那个吹毛求疵的评论者。让它加入对话之中，与之针锋相对。静观不同观点之间的较量，让对话拓宽你的视野。

你不用担心持有不同的能量会颠覆你的人格。你可以允许未被实现的潜能进入意识当中，这会让你更加整合。通过主动想象，那些体验以及未曾体验过的品质皆可以彼此融合，而不是相互对立。

第七章

生生不息的梦

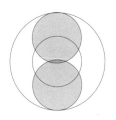

古往今来，人们一直在思考梦的意义。古希腊人十分重视这些夜晚的访客，因为他们相信梦可以引领未来，还可以带来另一个世界的信息，帮助人们治愈疾病。

　　据说，阿斯克勒庇俄斯（Asklepios）是一位生活在卡斯托尔和波吕克斯那个时代的祭司和医师。他游走于乡村之间，通过神圣的咒语、音乐、舞蹈、草药以及梦境来为人们治愈疾病。他不收取病人的诊金，但病人需要给他礼物或祭品。据说，阿斯克勒庇俄斯与生命的本源有着紧密的联结，他具有从冥界召回死者的强大力量。为此，冥王哈迪斯非常担心自己被这一介凡人轻视，更不想有人扰乱自己所统辖下的冥界秩序。于是哈迪斯说服了他的兄弟天神宙斯，必须赐阿斯克勒庇俄斯一死。但另一位强大的天神阿波罗为其请求宽恕。于是，阿斯克勒庇俄斯像卡斯托尔和波吕克斯二人一样，升入天界为神，成为主掌治疗和医药的守护神。

　　此后的几个世纪里，人们纷纷来到阿斯克勒庇俄斯的疗愈神庙，在那里斋戒、沐浴、冥想、祈祷，然后进入神庙最深处的阿巴顿（abaton）圣廊。在那儿，他们以一种类似于被埋入地下的姿势入睡，等待着一个治愈之梦。虽然并不是每个人都能获得痊愈，但一个神圣的梦足以改变人生。

梦与主动想象的融合

现如今，虽然我们已经丢失了借由梦来疗愈这门古老的艺术，但梦境仍然与我们每个人息息相关。荣格在其早期的著作中曾把主动想象和梦的分析作为两种独立的治疗技术，但他后来在晚年时期又做了补充论述，称其梦的工作是以主动想象技术为基础的。从最深层次的意义上讲，象征层面的工作（无论是在主动想象的清醒之梦，还是在睡眠期间出现的梦境）已不仅仅是一种单纯的心理治疗技术，它是以内在为导向的象征性态度的表达与呈现，而这种态度正是心灵成长的核心所在。

因此，每当有人问到"梦是什么？"我都会这样回答：梦是大自然的缔造，它是流淌在我们体内并且通过我们所呈现出来的生命力，是一种自发的、毫不掩饰的表达。它是意识世界和无意识领域的交汇点，能够唤起我们对那些未曾实现但仍然迫切之事物的关注。那我们为什么要关注梦呢？原因有很多：梦可以极大地帮助我们处理好那些因内心情结而造成的生活困扰；梦是创造、发展、力量以及智慧的丰富源泉；梦也是通往意识发展成熟的直接门户。在梦境中涌现出的意象是神圣的（可以与神灵联结的神圣空间），因为这些意象的核心是原型能量。在梦中，精灵、英雄以及神祇会借由近期所发生的人和事的形象前来造访。

关注梦境的最重要原因，或许是因为梦会让意识变得谦卑和灵动。梦重塑了自我的视角，否定了自我无所不能的幻想，拓展了我们对可能性的想象空间。梦向我们展示了一个充满各种可能性的神话般的未知世界，让我们得以领略生生不息的奥秘。

有些人坚持认为自己从不做梦。事实上，几乎每个人在正常的睡眠过程中都会做几次梦，不同的是我们回忆梦境的能力可能有所差异。最栩栩如生的梦境一般在快速眼动（rapid eye movement，REM）睡眠阶段产生，这可以通过做梦时眼球的快速运动来检测。你或许已经注意到，狗或猫在睡觉时，它们眼皮下的眼睛会不停地抽动，这就是快速眼动睡眠，表明此时它们正在做梦。我们成年人大约有四分之一的睡眠时间处于快速眼动状态，在这种状态下，我们的身体几乎处于不能动弹的状态，但脑部活动依旧频繁。有研究人员利用先进的计算机技术观测做梦中的大脑，他们发现快速眼动睡眠中最活跃的脑部区域之一是边缘系统，而这一脑区负责我们的情绪。

述梦技术

要改善自己回忆梦的能力，可以入睡前在床边放上纸和笔，你可以叫它"梦境日记"。使用声控录音机也十分方便，因为不需要开灯就能直接记录梦。如果你准备等到日上三竿后才写下那个"难忘"的梦，你很可能会发现，还没等你刷完牙，梦就像水蒸气一样消失得无影无踪了。如果最开始你只能回忆起某个转瞬即逝的画面或是某种强烈的情绪感受，那也要将它们记录下来。如果你对此足够留意，第二天晚上很可能就能记住更多的梦。如果你完全不放在心上，对自己的梦毫无兴趣，那么你可能也记不住什么内容。似乎我们内心的造梦者会以其人之道，还治其人之身。假如带着兴趣和好奇心去接近梦，你就能记起更多的内容。

荣格撰写了大量关于梦的文章，他指出："梦往往是一种奇怪而令人不安的东西，它缺乏逻辑、违背道德、形式粗俗，具有明显的荒谬或无稽之谈等特点。这样一来，也就难怪人们都会将梦视为是愚蠢、无意义和无价值的东西。"[1]

"我没有关于梦的理论……我和你们一样对解梦抱有偏见，我也认为解梦说到底充满了不确定和主观臆断。但另一方面，我知道，假如我们对一个梦苦思冥想的时间够久、够透彻，把它带在身边，翻来覆去地思考，最终一定会有所收获……我也不得不承认一个事实，即分析梦所得来的结果对病人是有意义的，并使他的生活重新开始运转……因为很多时候，当生活变得片面狭隘时，就会出现停滞和迷失方向的情况。"[2]

梦使用的是象征的语言，所以你必须学会翻译梦的语言，但这并不是说你就得买一本解梦词典来一一对照。如果把一个象征意象归结为单一的意涵，比如将梦中的马直接等同于本能或情感，这对我们毫无益处。梦中的每个象征都包罗万象，就如同璀璨夺目的宝石一样。我们将宝石转动到不同的角度，它会反射出不同的光泽。

1　C. G. 荣格，《荣格文集》，第8卷，第532段。
2　C. G. 荣格，《荣格文集》，第16卷，第86段。

你必须与梦中的意象进行互动。

就像电影、舞蹈、视觉艺术或诗歌一样，每个梦都是森罗万象的，可以有无限的意涵。我们可能永远都无法从意识的角度完全理解一个梦，但与梦相关的行为才是最重要的。你可以与梦中的意象开展工作，就像你在主动想象中与一个情结或一种情绪工作一样，与涌现的能量建立一种动态的关系。

梦究竟要什么？

我们不妨将梦境视为冥冥之中的召唤，相比于解释，它更想要寻求在我们生命中的显现（incarnation）。伟大的西班牙诗人费德里科·加西亚·洛尔卡（Federico Garcia Lorca）用象征的语言唤起人们的神秘感和奇思妙想。他在一首名为 "Casida de la rosa"（《格西特[1]之七：玫瑰》）的诗中这样表达：

> 玫瑰
>
> 没有追寻曙光：
>
> 而是永生在枝头，
>
> 它在寻觅他物。
>
> 玫瑰

既不寻求科学，也不寻求阴影：

在肉体与梦境之间徘徊，

它在寻觅他物。[1]

（英文版译者：杰里米-伊弗森）

像所有伟大的诗人一样，洛尔卡利用象征来开启我们的体验。读者们不禁要问：这他物到底是什么？这位诗人又是如何知道玫瑰不寻求曙光、阴影或科学的？肉体与梦的关系又是什么？

在这里，我借鉴了荣格分析师罗素·洛克哈特（Russell Lockhart）[2]的观点，他指出，提问、解释和寻求逻辑是意识的天性。然而，在我们心中还有另一外种声音，可能会在另一个层面上对这首诗做出回应，那是一种静谧的声音，它只会说："是的！"诗歌以语言为象征，而象征则开启了我们的全新体验，为我们开启神奇和创造的可能性。

在主动想象过程中，你可以将任何一个梦境作为起点，然后与梦中的意象进行沟通。你可以用现在时态大声讲述这个梦，让梦中的意象再次浮现在你的脑海中。梦的内容讲述完毕，只需耐心等待

---

1 费德里科·加西亚·洛尔卡（Federico Garcia Lorca），《格西特之七：玫瑰》（*Casida de la Rosa*），英文版译者，杰里米-伊弗森（Jeremy Iversen），经授权转载。洛尔卡是西班牙诗人和戏剧家，同时也是一位画家、钢琴家和作曲家。他在西班牙内战初期被民族主义游击队杀害。

2 罗素·洛克哈特（Russell Lockhart），《梦需要一个梦》（*The Dream Wants a Dream*），摘自《心灵的话语：通向原我与世界的荣格式方法》（*Psyche Speaks: A Jungian Approach to Self and World*，伊利诺伊州威尔梅特：凯龙出版社，1987年），第19页。

些时间，留心观察接下来会发生什么。看着梦中的这些意象，只需跟随它们即可，不要急于解释。唯有如此，我们才能与梦交朋友，像在生活中了解一个人一样去了解它。

举个例子，不需要深究蛇的意象是否带有性的寓意，而是关注梦中蛇的特质，比如鳞片的模样。你可以闭上眼睛，专注于蛇身上的那些鳞片。它们的颜色和质地是怎样的？细节对意象的鲜活性至关重要。当你停下来面对蛇时，会发生些什么？你可以伸手去触摸它吗？在你的脑海中，让梦中的意象栩栩如生，然后让它在你面前自发地呈现。不妨看看是什么发现了你，而不是你发现了什么。

心理学家斯蒂芬·艾森斯塔特（Stephen Aizenstat）[1]将这种方法贴切地描述为"招待梦境（hosting a dream）"，而不是"分析梦境"。我们需要将梦当作心灵世界中的鲜活生命体来看待，不要试图去找到对梦的所谓正确解释。重点不是分析或解释它，继而将其解读成自我的语言和欲望，重点在于梦"是什么"，而不是"为什么"。梦应根据其自身的情景脉络来加以理解，它们是心灵用其独特的语言所进行的自我沟通。这是一种隐喻和象征的语言，因此我们要与梦中的意象诗意盎然地嬉戏。通过这种方式，我们得以重新进入梦境体验这一神圣空间，与神圣建立起联结。

假设你的梦者想要谈谈年华老去这一议题，他不会把"年华老

---

1 史蒂芬·艾森斯塔特（Stephen Aizenstat），荣格心理分析师。其主要著作为《梦的孵化》，描述了梦的工作在处理健康、治愈、噩梦、世界的梦、人际关系中新的多元化的应用。他在深度心理学基础之上探索出一套"孵梦技术"，拓展了传统的梦的工作方法，将梦中的鲜活意象具身化地体现出来，并溯源到心灵的本质以及人本身。——译者注

去"直接写在黑板上。相反，他会搭建一个场景，比如在舞台中央放置一把摇椅。这就是剧作家谈论"年华老去"所用的方式。梦中的象征便是如此，以图像的语言呈现出来。

不妨与梦境中的意象共处，这会让人的意识接触到无意识领域中那些离奇、荒谬的习惯和欲望。让事物如其所是地呈现，这是一门艺术，也是打开通往这一领域门户的钥匙。如前所述，对我们大多数现代人来说，最困难的部分是如何卸下意识的缰绳，让梦中的意象自行表达。我们必须给梦中的意象以时间和耐心，不要轻易下结论。

我曾经有一位来访者伊芙（Eve），她是一位离异的单亲妈妈，带着两个孩子。她的同居男友是个不小的经济负担，也没有对婚姻或其他任何事情做出承诺。他就像一坨扶不上墙的烂泥，几乎完全不跟孩子们相处，也不愿意谈论他自己的任何感受。跟眼前这个男人在一起，她看不到一丁点儿未来。但伊芙又担心离开他之后的经济状况可能更加糟糕，尽管他每月对家里的经济贡献可以忽略不计。后来，她做了这样一个梦：

> 我骑着一匹名叫"可卡因"（Coke）的马，它是我父亲的挚爱。我们正从山上下来，而马却想并住双腿滑下山去。马有点儿不太对劲，于是我下了马。它滚了三四英尺一直到山脚下，然后就这样睁着眼睛死去了。

这个梦让伊芙一头雾水。起初，我们试图一起分析这个梦。她告诉我她并不喜欢马："它们让人捉摸不透，不值得信任。"我并没有妄加猜测马就意味着这个或是那个，而是让她回想那匹马的意象，并留意自己看着它死去时的感觉。梦中的意象再次浮现在她的脑海之中，仿佛充满了整个咨询室。她注意到那匹马的皮毛已经破烂不堪，它身上有股臭味儿，似乎有点儿腐烂。然后她注意到马是自己找死的，只是在地上打了个滚。"究竟是什么想死去呢？"我问道。

"我不知道。"她坚持说。但那些意象当时在她的头脑中栩栩如生。

接下来的一周，伊芙又来了，她表示自己决定把这个男友赶出家门。她做了一个后续的梦：

> 我身处一个荒野中的牧场。我在水池边玩耍，一只海豚游过来和我一起嬉戏，我伸出手去摸它。然后，好多海豚就聚拢在我周围，它们开始碰触到我的腿。起初，它们粗糙的皮肤让我感觉有点儿奇怪，但后来我就慢慢习惯了。我放眼望去，发现有一只母海豚正准备分娩。公海豚在那里守护着它。

这个梦中最先出现的是能量的流动，因为在伊芙的想象中，她把双脚放进冰冷的池水里。然后奇迹发生了——海豚出现了。"它们对我呵护有加，它们想要帮助我。"她带着从未有过的信心说道。

通过对这个梦进行主动想象，伊芙清楚地认识到，她只需冒一点儿风险（把自己的脚趾放进水里），就能获得巨大的成长。这个梦给她带来了乐观和勇气，因为她感觉到一些新的东西正在孕育当中。事实上，伊芙正在形成一种对男性的全新态度。她领悟到自己一直以来是如何过度依赖男性来实现这些特质的，但其实这些特质早已从自己的未竟人生中成长起来，瓜熟蒂落。比如经济独立的能力，或者是监督工人来修理汽车和房屋之类的这些现实能力。她不再需要依赖男性，这种过度依赖的生活态度和定位始于她跟自己父亲的过往经历。他的马，可卡因（家里没人吸毒），成了父亲情结的有力象征。旧观念所带来的枷锁亟待被丢弃。父亲的原型意象是我们感受自身价值、自信以及完成必要生活任务等能力的原型。当我们有意无意地感到无法胜任一项任务时，往往就是所谓负性的父亲情结在作祟。这可能最初源于亲生父亲的影响，但随后又被其他关系和文化经验强化。

在做完海豚之梦的几周后，伊芙更换了家里的门锁，这样前男友就无法再突然闯入了。她自己的小生意也蒸蒸日上，对经济收入也不再忧心忡忡了，因为她意识到自己完全能够照顾好自己和孩子。她对书籍和电影变得如饥似渴。最难能可贵的是，伊芙一直都把打台球作为业余爱好，可是因为自信心不足，始终没能在比赛中取得好成绩。你还记得第二个梦中，水池中正孕育着新生命吗？梦境常常与文字形成双关语，向我们展示象征的多重意义。在做完这个梦一年后，伊芙带着焕然一新的满满自信，赢得了业余桌球比赛冠军！

与梦中的意象沟通

如果你现实生活中的某样东西过多了，你的梦会告诉你；如果某样东西过于贫乏，梦也会让你知晓；如果在某些方面你做过头了抑或是做得不够，梦也将给你相应的指引。梦既可以反映出你的身体状况，也能够反映内在的心灵状态。此外，梦还可以预测疾病并提供疗愈方法。因此，你需要花些精力与梦中的象征来进行沟通。

如果梦中出现坠落，不妨问一下你梦中的意象：是什么在坠落？或者，我是如何坠落的？是从优雅中坠落？从尊严中坠落？还是在爱情中坠落？

倘若梦中出现飞翔的意象，可以试着问问自己：在自己的意识态度中，我有没有在飞越些什么？是我飞得太快了吗？我又是如何起飞离地的？我心里有什么在渴望飞翔，渴望长出翅膀、展翅高飞？我究竟是飞往何处，还是飞离何处？有没有可能是超越的视角试图以某种方式令我得以解脱呢？也可以在自己的脑海中体验飞翔，看看会发生些什么。

人们经常会梦见厕所。此时，不妨想一想，我有什么东西需要丢弃吗？我身上有什么是被浪费掉的，有什么已经即将溢出或被湮没了呢？我的个人隐私是否受到了侵犯？我需要放弃什么吗？你可以想象自己在梦中的厕所里说话，甚至让自己对着厕所说话。想象自己就是梦中出现的那个厕所。体会一下被"倾倒"是什么样的感觉？你可以进入梦境，观察其中出现的意象，看看会发生些什么。

梦是一种神奇的力量，它可以很好地补偿你性格中的缺陷，可以在生命中一些不起眼的路口处牵引你走向命运。有时，梦并不会以平铺直叙的方式直接告诉你，很多时候梦并不会提供解决方案。它含混不清，只是提出问题或一再重复那些困住你的节点。但是，倘若你能够跟梦中的意象建立联结，这将有益于为以后的发展奠定基础。

你内心中可能会有一个声音说："为一个梦大惊小怪简直是浪费时间。"这时，你可以礼貌地感谢它提出这样的意见，它是在为你的生活提供实用功能。然后，你可以继续带着崇高的敬意，耐心聆听你的梦。

我们的目标是营造一种此时此地的体验，而不是对梦进行枯燥的分析。记录梦境后，你不妨用现在时态大声地描述梦境，尽量使用"正在"之类的词语，就好像梦境就发生在当下一样。这样做有助于"让梦生生不息地延续下去"。试着探索梦境[1]，让自己专注于"是什么"，而不是"为什么"。耐心等待着意象来填补那些留白之处。

1　关于这些梦的现象学扩充技术，部分源自史蒂芬·艾森斯塔特（Stephen Aizenstadt）博士的临床研究工作，他是美国加州太平洋研究院的创始院长。我们十分感谢史蒂芬博士多年来在研讨会和非正式沟通中分享他的智慧经验。参见史蒂芬·艾森斯塔特《孵梦：揭示梦中隐秘智慧的技术》（*Dream Tending: Techniques for Uncovering the Hidden Intelligence of Your Dreams*，录音资料，Sounds True Audio，2002年）。关于詹姆斯·希尔曼（James Hillman）的分析见解在梦境意象工作方面的实际应用，请参阅本杰明·塞尔斯（Benjamin Sells）主编的《意象工作：原型心理学的理论基础》（*Working with Images: The Theoretical Base of Archetypal Psychology*，纽约：统一国际出版集团，2000年）。更多内容请参阅詹姆斯·希尔曼的著作《梦与无意识世界》（*The Dream and the Underworld*，纽约：哈珀出版社，1979年）。

内在工作影响集体心灵

有些人，或者你心中那些疑惑的力量会说："关注梦境是愚蠢的徒劳，是对外部世界真实而迫切需求的逃避与自我麻痹。"你的内在工作不可避免地会影响周围的人和整个世界。这就像池塘里的涟漪一样，将无意识意识化所释放出的强大力量往往会带来深远的影响。

我有一位来访者，她对自己的梦努力探索了六个月时间。她并没有告诉丈夫自己是来接受心理咨询的，她把生活费省下来付咨询费。有一天，她怒气冲冲地走进咨询室，一下子瘫倒在椅子上，说："这太不公平了。"

我问她："什么不公平？"

"为了我的梦，我累得像条狗一样努力向内探索。而我的丈夫却觉得这根本就是个笑话，他还嘲笑我的努力。看起来他好像比我快乐多了！"

这种情况确实有可能发生。不要屈服于这样的顾虑，认为把时间花在内心的工作上纯粹是自我陶醉或自恋。这种评论往往来自周围的家人和朋友，因为我们保持稳定、可预测，是他们的既得利益。当你找回未曾触及的生命体验时，这将使你与周围人的关系产生翻天覆地的变化——无论是有意识的，还是无意识的。

荣格指出，个体化的过程包含两个方面：一方面，它是一个内在、主观的整合过程；另一方面，它是一个同样不可或缺的客体关系（objective relationship）过程。这两者缺一不可。世界上没有任何一个个体可以完全孤立、独立地存在。因此，"个体化之路一定会带来更为亲密、更加广阔的人际关系，而非越发孤立。"[1]

你无法预知你的内在工作可能会朝着哪个方向发展，但倘若能够将更多的意识带入这个领域中，这既有助于你自己的成长，也有助于集体的发展。犹太教法典《托拉》[2]中说，你在自己家的祭坛之上祈求火种，但火种却会落到你邻居家的祭坛之上。如果你满怀赤忱地投入对梦持续不断的探索中，以此促成内在世界和外在世界的整合，那么你生命中所有的人，甚至是全人类，都会因此而更加充盈，即便它也许无法带来你的自我意识所追求的结果。为了全人类的利益而将对集体无意识的探索推进一小步，这不可不谓一项神圣的壮举。

通过梦的工作，一旦你的内心有所触动或对自己的习惯模式有了新的认识，接下来你就会记得更多的梦。如果梦中出现了重复的主题，这表明你与这段经历的内在关系可能尚未了结。梦中通常会出现一些细微的变化，以此来提示你该做些什么。每个梦都是你迈向成长的一步，如果你能与之沟通互动，下一个梦就会有所不同。

某些情况下，梦中会反复出现同一个场景或主题。例如，如果一个人经历战争、暴力、严重事故、被虐待、挚爱之人离世、自然灾害等创伤，诸如此类的经历和体验远远超出了我们个体正常的应

1　C. G. 荣格，《荣格文集》，第七卷，第155页，脚注。
2　Torah：犹太教的法典《托拉》，包括《创世记》《出埃及记》《利未记》《民数记》《申命记》五卷，是犹太教的基本教义和法律来源。——译者注

对能力，很难被当事人轻易消化。因此，它们会以内心体验的形式反复出现，直到当事人找到一种安全的方式来整合梦境中的材料。这个过程可能需要一位睿智且经验丰富的心灵导师，才能以相对安全的方式消化梦中的意象，从而避免给心灵造成二次创伤。在这种情况下，专业的心理咨询与分析师会对你大有裨益。这点也适用于那些被夜间的梦魇反复折磨的人们。有些经历对我们而言过于触目惊心，因而我们每次只能点到为止，切勿操之过急。

假如我们能够不遗余力地梳理那些最为痛苦的体验，那么，它们就不太可能再传到我们的下一代或其他人身上，他们便能幸免于难。

在进行梦的工作时，我们需要问问自己：为何会出现这位造访者呢？我需要从中学习些什么？从自我当前的角度来看，有什么是我尚未感知到的呢？如果你能够花一点点时间来进行梦的工作，心灵的内在模式就会受到触动。即使你无法从中得出明确的结论，释放能量对你也有好处。

内在现实还是外在现实？

在梦的工作研讨会上，人们经常这样问我："这个梦所指的究竟是我的内心世界还是外部现实环境呢？"例如，如果我梦见自己与妻子吵架，这是否意味着现实中关系紧张的氛围正在加剧，我与妻子之间即将爆发争吵？又或者这个梦是在说我与自身内在女性特质之间的关系出现了问题？人们常常对此感到困惑，因为无意识习惯于借用外部生活中的意象，并用它们来象征梦者内心的动力。

事实上，梦是多维度的，并没有绝对的内在和外在之分。梦中的意象可以而且也应该同时适用于你生命的两个领域之中。如果一个人与自己内在女性特质之间的关系出现了问题，他很可能会陷入一些负面情绪之中，那么，与外在世界中的某个人发生争吵似乎也在所难免了。内在世界中发生的事情会将这种体验带到你的外在现实中去。

然而，从实务的角度来看，进行梦的工作时，我总是先寻找内在的联系。由于我们的文化会训练我们要重视外部世界，所以人们通常也会贸然认为梦所讲述的就是外界所发生的事物。如果你把梦看成仅仅是日间事件的重演，那么梦就会显得十分肤浅，不值得我们费心费力地探索。这样一来，你就会忽略梦中最为重要的一些面向。

我们首先要假设梦是关乎你内在的心理动力的，而不是一上来就将其归结到外部现实事件上面。例如，一个人可能梦见飞机失事，于是就认定自己最好不要出门旅行。其实，他可以把飞机失事当作一个象征来看待，而他在某种程度上已经身陷其中了——他生命中的某些东西正在以破坏性的方式坠落。即使梦中的内容确实对应了外部现实生活中的真实情境，这也是基于做梦前的内心状态而做出的反馈。

我们的确会非常强烈地想要从字面上来理解梦。很多人会试图以梦为借口指责现实生活中的人，或者借此沾沾自喜自己多么有先见之明。但是，倘若你能抵制住这种诱惑，你就更有机会领悟到，究竟是未竟人生中的哪一部分正在向你招手。

我记得有一位来访者前来找我求助，说他梦见自己的妹妹飙车，然后撞上了一栋建筑。他很担心这个梦预示着现实中会发生车祸，于是想打电话提醒自己的妹妹。我建议他不妨先从内在角度来理解这个梦，也许会更有价值一些。我们假设这个梦象征着他自己内在生活的某些部分，比如可能是一发不可收拾的某种冲动，或因某种即将失控的热情而冒进。我让他与这个妹妹的内在意象（不是现实生活中的妹妹）进行对话，将梦带入主动想象中。他现在从事的哪些事情有可能会失控呢？这让一些梦者有了一些未曾想到过的洞见。

请记住，我们要充分发挥自己的想象力，避免照本宣科。

我再举一个例子：如果你梦见火车，这通常跟外在现实中的火车关系并不大，而是关乎你自己内在与火车这一意象相关的某些部分。也许是你的决心正在铁轨上狂奔，也许是你内心奔放的热情之火。想象你梦中的火车这一意象，可以去感受它的力量。一定要注意细节，这可以让意象变得栩栩如生。这列火车发出的声音、气味和感受是怎么样的？当你招待这个梦中意象时，你的身体有什么样的感觉？

特洛斯：梦见未来

梦往往具有一定的预见功能，带有某种目的。古希腊语中的"目的、终点（telos）"一词中含有"未来的牵引、召唤"之意。

这是一个绝妙之词。在当今的科学文化中，因果关系根深蒂固，我们都倾向于以因果律来看待万事万物。然而，似乎冥冥之中也存在一些无形的力量牵引着我们去实现某些目标。

有些梦预示着梦者所处的外部现实环境将要发生一些事情。例如，人们会在战争爆发或亲友去世前梦见灾难。梦者后来发现，梦中的事件真的在外部现实当中发生了。这种情况很少见，但确实发生过。

即便从梦中所涌现的意象中获得了一些洞见，要想真正从象征层面的活动中获益，你最终势必要做一些不同的事情。即使你与梦中意象的互动栩栩如生，这种体悟也很可能仅限于头脑层面而已。接下来，你必须让自己身体的其他部分也参与其中。天主教有一条古老的规训：除非用嘴唇念诵出来，否则祷告是不算数的——仅仅在脑海中默念是远远不够的。梦亦然。如果你不把它写在纸上，然后做一些事情将这些意象呈现出来，那就不会有任何实际效果。让你的身体动起来。如今，大多数人变得过度沉溺于理论和抽象概念，因此，要不时提醒他们让身体也参与进来，做一些实实在在的事情。

举例来说，如果一个梦明确表示你对自己借钱这件事感到内疚，你就应该把钱还上。不幸的是，梦并不总是那么简单明了。所以，你就必须发挥自身的创意，设计一个仪式，以一些微小的方式来纪念这个梦。如果你真的卡在某处了，那不妨出去绕着街区走一圈；可以试着做点儿什么事情，哪怕这会让你觉得有点儿愚蠢可笑。

我记得有一位大人物，他是本笃会的修道士，那时正在接受我的分析。他已经有三十年的时间完全无视自己的身体了。他的梦似乎正在竭力让他能够有所领悟，呈现出他生命中被忽视的那些部分。而他却极力反抗，不仅对自己的梦置之不理，对我要他好好关注自己身体情况的建议也置若罔闻。终于有一次，我对他发了脾气。我告诉他，仅仅对他梦中的内容进行智力层面的探讨是远远不够的。他需要走出去，为梦做些什么。

"那我该怎么办？"他一脸茫然地问。

我恼羞成怒，脱口而出："好吧，如果你实在想不出别的方法，那就出去看满十棵树上的树皮吧！"

他默默地站起来，清了清嗓子，收拾好东西走了出去。我觉得自己好像冒犯到了这位可怜的人，我可能有失冷静，把他逼得太紧了。几小时后，有人敲我的门，是他回来了。"你不知道啊，树皮竟然这么有意思。"他说道。"树皮有的粗糙、有的光滑；有褐色的、有灰色的；同一棵树，北面的树皮和南面的还不一样；有的树皮上还住着虫子。你知道吧，不同的树有不同的气味。"他说。随着他对感官领域以及自己身体的觉醒，他逐渐开始康复。他开始能够跳脱出自己生活了几十年的抽象知识领域。现在，每当我见到他，我都会问他的树皮怎么样了，然后就是彼此会心一笑。

琼（June）是一位30多岁的女士，她来找我是因为她认为自己感受不到任何东西。她坦言："别人都在谈论感觉，但我什么都没有。"她过往所有的体验都被处理成脑子里的各种思维念头。她成长于一个阿巴拉契亚家庭，母亲整日都是忧心忡忡，担心他们狭小的生存空间之外的各种危险。妈妈警告她的孩子们，一旦他们离开家就一定会生病，甚至可能会死去，因为这个世界处处充满着危险。这位来访者的父亲脾气十分暴躁，这让孩子们老是担惊受怕。琼是家里唯一一位离开家的人：她离家出走，上了大学，并在邻州做了一名药剂师，但她觉得自己的生活索然无味。下面是她报告的一个梦：

> 我身处自己的房子里。透过窗户，我看到外面有蓝鸲。我非常兴奋，告诉家里的每一个人，让他们不要靠近窗户，否则会吓到那些鸟儿。我的小妹妹没有听到我的话，径直走了过来，我担心她会搞出乱子，但后来我和丈夫就和那些鸟儿一块飞走了。感觉就好像我们和整群蓝鸲一起在空中翱翔。我也不知道我们是会从空中掉下来，还是会一直飞下去。

琼的感受，如同蓝鸲一样，就在窗外向她发出邀请，邀请她的灵魂与之一同翱翔。作为对这个梦的回应，琼决定把蓝鸲画下来，为它们设计出一系列故事，然后与它们交谈。她努力尝试，缓慢但稳步地处理着自己原生家庭中所未曾触及过的体验。为了摆脱母亲的恐惧带给自己的影响，让自己的情感得到自由释放，她付出了巨大的努力。随后，她做了一系列梦，梦见一些可怕的男人。在梦中，当这些人出现时，她要么逃跑，要么试图让自己变小。终于，转变的契机出现了，在主动想象中，她能够鼓起勇气面对其中一个黑暗而残忍的男人。当她重新夺回自己的力量时，身体因释放出的能量而颤抖。

我们要提醒自己，理解或解释梦往往不是最重要的。因为那只是意识自我的欲望。梦让心灵中的其他面向有机会表达，来自无意识深处的能量每天都会多次尝试与我们对话，但我们往往会让自己忙于意识领域的事务之中，听不见那些来自无意识的声音，所以它们只好在夜晚闯入我们的梦境。

衰老与死亡之梦

我们后半生最常见的梦境主题之一就是死亡。这往往预示着你体内的某些能量系统或旧模式即将消亡，千万不要就此断定自己命不久矣。你可能正处于人生某个阶段的末期，你身上的某些方面需要得到清理和转化，以便为进一步的发展扫清道路上的障碍。

这是我三年前做的一个梦：

我开着我那辆老旧的大众甲壳虫汽车前往旧金山。我把车停在路边。接着，我忘了把车停在哪里，虽然找不到我的车，但我还得再回一趟家。我一直走到筋疲力尽。我感到万分绝望，然后发现自己的钱包也不见了。我记得旧金山的一个朋友，他的钱包曾经被偷了，最后他去了美国银行的一家分行，我也在这家银行有开户。他当时身上没有身份证件，也没有钱，甚至都没有零钱打电话求助。于是那家银行工作人员便打电话回分行，核实了他的账户信息。这样一来，我的那位朋友得到了帮助，拿到了几百美元，这让我在梦中感到非常高兴。所以，在梦中我想，"如果我能找到一家美国银行，那里的工作人员就会帮我解决这个困难"。然后我又开始上路，可是我完全找不到美国银行的分行（尽管在现实中，旧金山有很多家分行）。最后，我被彻底困住了。也就是在那个节点或临界点上，我突然意识到一个人生的基本原则：我就属于我所在的这个地方，我其实什么都不需要，不需要汽车，也不需要美国银行。我如释重负，满心欢喜。

当天晚上，我不久又做了第二个梦：

我来到了另一座城市，这次是在中世纪。我试图找到出城的路，到达我要去的地方。我走过的每一条街道，最终都会绕回原点。这里有点儿像迷宫。我转来转去，找了好几个小时（梦里有很多细节，我现在想不起来了），但无论我往哪个方向走，最后总是会回到同一个地方。第三次尝试时，我还是回到了起点，这是我的最后一次尝试。我精疲力竭，彻底放弃了，这就像给了我一个启示：所有的街道都是同时向两个方向延伸的，而且总是会把你带到你开始的地方——这似乎就是现实的本质！

这个梦用凝缩的方式展现出我几个月来一直在与自己身上双子星座式的分裂作斗争，因对立两极带来的困扰而心神不宁、寝食难安的状态。我厌倦了这个世界对我的种种要求，它的文化氛围日益恶化、政治冲突层出不穷，它在不断地消耗我的精力。我内心的一部分已经做好了赴死的准备，准备离开尘世，前往奥林匹斯山上永恒的波吕克斯圣域。所以从某种程度上来说，这是一个死亡之梦。但与此同时，我对最亲近之人的爱又将我束缚在这个世界上。

做这个梦的那段时间，我授课的时间大大减少了，而我的身份认同也在发生着变化。梦中钱包和身份证的丢失就代表了这一点。在对这个梦进行主动想象的过程中，我跟银行柜员进行了交谈。他明确表示，即使是美国银行也帮不了我。银行柜员指出："你已经步入老年——也就是暮年。放弃你早年的身份认同吧。"正如梦中的意象所指示的那样，我必须放下对自己现状徒劳的抗争，坦然接受现实。我需要停止与内在和外在的衰老过程，包括它所带来的缺憾作抗争。

直到精疲力竭之时，我才恍然大悟，得出了一个完全不合逻辑的结论：这真是太好了！难道我在衰老的岁月里获得了某种启迪？

在第二个梦中，所有的街道都同时向两个方向延伸，并且总是把你带回起点——这就是现实的本质。从意识的角度来看，这种观点可能是个坏消息，但在梦中，我却感觉仿佛发现了天国的圣秘。

这些梦对我来说尤为珍贵，这是与无意识深处之间的沟通，让我为我们最终都要面对的重大人生变故——退休以及最终生理上的死亡做好准备。我逐渐意识到，在死亡来临的那一刻，大部分的挣扎和痛苦源于那些尚未被意识到的、没有触及过的生命体验。如果我们可以用梦来处理我们心中未完成但又不得不做的事情，那么就不会有那么多痛苦存在了。

我的朋友简（Jane）在费城一家医院担任专职牧师。因为工作的原因，她经常会被请到一些弥留之际的病患床边，为他们提供最后的安抚和慰藉。她总是反复听到一个主题：背叛感。"他们认为，如果自己履行了生活的责任，完成了社会文化所规定的那些事情，做完了我们都觉得必须做的事情，那么在某种程度上，生命就不应在他们有机会真正活过之前就耗尽。然而，在那些弥足珍贵的临终时刻，他们意识到自己所剩的时间已经不多了。但为时已晚，他们错过了一些重要的经历。"简回忆道。

想象一下，此刻的你已经时日无多。然后你就可以开始真正的生活了。

我在印度居住时，每天都能在街上或恒河河滩附近看到死尸。因此，对于我们每个人都无法逃避的身体消亡这件事的神秘感也就消除了很多。在现代西方文化中，我们倾向于把死亡这件事隐藏起来，好像它是完全不应该发生的事情。

关于身体死亡的梦往往呈现秩序和统一，仿佛生命中的矛盾正在自行化解。例如，下面是我的一位来访者报告的梦，她是一位老年妇女，被诊断患有癌症。她美丽、敏感、脆弱，同时也是一位颇具才华的艺术家。在做这个梦的时候，她已经接受了一次肿瘤切除大手术，之后又接受了放射治疗和化疗。这个梦发生在重大危机时刻，当时她意识到尽管自己已经十分努力地与癌症作斗争，但癌细胞已经扩散，再也无法得到控制。她被吓坏了，接着便做了下面这个梦：

我正往山下走，来到一个湖边。湖水清澈见底。石头的大小几乎无异，只是分布的方式各有不同。在右侧，有一个人正在水中游泳，他似乎想让我加入一起游。接着，在左侧，我看到了一只美丽的独角兽。它在湖水中，水没过它的膝盖，美艳极了。独角兽的下半身正在溶解成图案或波浪，而上半身仿佛一座美丽的雕像。别人害怕这种动物，但我不怕。最强烈的感觉是一种清明感，仿佛在梦中我可以一眼望到底。

独角兽这一意象非常神奇，它是来自无意识的礼物，但起初梦者并不想接受它。梦向她许诺，如果她能坦然面对即将到来的死亡，她就能从中发现无限的美好。湖水清澈见底——每一块石头都错落有致。独角兽是一种神秘的动物，是合一与整体的象征，有时也会被视作基督的象征。在这个情境中，它似乎指的是将这位女士生命中的碎片汇聚为一个整体。做这个梦的时候，梦者仍有未竟的人生，这令她备受折磨。这个梦似乎表明，如果她能意识到这一点，她就会获得清明、圆融以及合一。这个梦试图告诉她死亡的体验会是怎样的，她的痛苦得到了直接的答复。

独角兽之梦异乎寻常地清晰。梦者所恐惧的其实是她生命中的荣耀。在我们的下一次分析中，我带来了多年前别人送给我的一件珍贵礼物：独角鲸的角。虽然这只角来自海洋生物，但它看起来非常像我们想象中的独角兽的角：它错综复杂的白色螺旋从底部一直延伸到顶部的尖端，长达12英寸。于是我邀请这位来访者拿着它，同时想象她的梦境。我相信这位女士强大的梦境象征为她进入下一个阶段带来了极大的助益。在她去世前的最后一次分析中，她似乎得到安宁、平静的庇佑，不再恐惧。我们之间的会谈令我此生难忘。

练习：孵梦技术（Dream Tending）

如果你想养成记梦的习惯，不妨试试下面的孵梦技术[1]。在计划做有启示意义之梦的那天晚上，要注意清淡饮食。在睡前大约一个半小时前，开始各项准备工作：你可以悠闲自在地洗个澡，想着是在净化自己的身体、思想和心灵；穿上干净的浴袍或睡衣，让自己放松下来；花一点儿时间来冥想或整理思绪；在想象中与可以帮助你的另一种存在建立联系，它可以是你的心灵、更高的力量、你的创意精灵、缪斯、无意识、更高层次的原我、你的守护神或守护天使，总之，它可以是任何对你来说真实而生动的存在。询问这一存在是否愿意在你孵梦的过程中提供帮助。

接下来，你可以将自己意识到的一些问题或议题写出来。你可以选择其中的一个，或者让来它选择你。你需要对所选的主题付出精力和承诺。可以试着把问题重新改写成一个清晰、简短的句子或短语。你可以轻声低语，也可以大声说出来。接下来，写下这些问

1　现如今在网络上有大量孵梦技术的参考资料。参见伯纳德（A. Bernard），《孵梦技术》（*Dream Incubation*，加利福尼亚州谢尔曼奥克斯市：加州家庭治疗协会，1989 年）。

题的答案：

●这个问题当前对我有什么重大意义？

●关于这个问题，我最深切的愿望是什么？

●我对这个问题的恐惧是什么？

●如果这个问题一直得不到解决，会有什么样的隐性获益？

●为了解决这个问题，我愿意放弃或牺牲什么？

当你开始昏昏欲睡时，重复你的问题或疑问。不妨带着要在晚上获得新观点的期待进入梦乡。当你醒来时，马上写下你所记得的一切，赶在它像夜晚的星星一样消失之前。

梦境与其说是文学作品，不如说更像是电影作品，梦中有快速剪辑、倒叙和多线程故事情节。如果把梦中的意象简单地以线性、合乎语法的句子表达出来，我们就丧失了很多真实的梦境体验。为了重新获得流畅、动态的感觉，在记录梦境以帮助我们回忆以后，可以尝试在叙述中去掉逗号、句号和大写字母等这些标点符号。这样，当你重读梦境时，它会更加流畅，也能更好地唤起鲜活的梦境中的记忆。

有时，我喜欢把梦中出现的意象想象成一种动物（比如猫）。它们是独立自主的生物，并不特别在意要被人分析、被人解释，或被要求走直线。也许它想让人给它挠痒痒、喂它吃东西、让它出去玩，有时只是单纯地想被人欣赏。梦亦然。不妨与你内心最有活力的人物对话，看看会发生些什么。

你也可以通过将梦境记录中的名词转换为动词，尽量使用一些表示正在发生的动词，以此来与梦中的意象进行工作。例如，如果我梦见一个苹果，我可能会思考："变成苹果"（apple-ing）意味着什么？（成为一个苹果会是什么样子？）我身上有什么东西成熟了吗？还是有什么东西酸了吗？有什么让我保持健康？

当你允许自己与梦中的意象以及场景中发生的事情建立真切的联结时，你会发现意义已经变得不那么重要了。不妨与梦中的意象交朋友，不要单纯地分析梦，而是抱着好奇、喜爱和惊奇之心与梦相遇。

第八章

与成熟相关的
两大核心原型

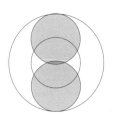

为我们指点迷津的神话故事中，当宙斯将卡斯托尔升入神界时，合一与安宁便得以实现。曾经分离的两种能量重新组合在一起，浑然一体。罗马人把卡斯托尔和波吕克斯称作孪生弟兄，将其与手足情谊和平衡原则相关联，并认为这是罗马帝国的根基所在。埃及也有类似的神话人物，他们是大荷鲁斯和小荷鲁斯这两位神祇。

我们已经知晓，"我"是由众多不同的能量和特质构成的。这一章中，我们会重点关注两种随着年龄增长而占有极其重要且特殊地位的原型类型：永恒少年（the Eternal Youth）和智慧老人（the Wise Elder）。

永恒少年是意气风发、富有灵感、勇于冒险、积极乐观、理想主义、及时行乐且创意无限的；同时，它也是缺乏担当、反复无常且见异思迁的。被永恒少年支配的人（无论他们的实际年龄有多大）往往拥有一种带有些许梦幻而又近乎崇高的精神品质。荣格将这种模式称作Puer（拉丁语"少男"）和Puella（拉丁语"少女"）。

对于许多生活在责任和义务重压之下的现代人来说，这种必不可少的青春能量在生命的最后几十年里几乎被榨干了。然而，这种无法抑制的年轻品质存在于我们每个人的内心之中，至少每个人都拥有这种潜力。即便你已经是90岁高龄，永恒少年仍然在你身边——但愿如此，因为这是你与新的意识觉知之间接触的方式，它与旧有模式、现有的规则或成文法度无关。

与永恒少年的奇思妙想构成鲜明对比的是智慧老人（荣格称其为Senex，即拉丁语的"睿智的长者"）的世俗实用主义。后者是实用性的结构和系统的能量形式，其影响体现在我们的规则律例和制度体系当中。稳定有序、严格把控、纪律严明——这些都是智慧老人的特质。缺少智慧老人的作用，我们体内青春洋溢的创造力很难将创意、愿景和雄心壮志转化为具体的现实。

虽然永恒少年和智慧老人很难和平共处，但是对于维持人类个性（以及社会）的平衡而言，两者都是不可或缺的。它们是同一个实体的对立两极，无论出现哪一极，另一极也会同时以某种方式存在，这是一种平衡。这些原型能量之间的争斗，是为了努力调和这样一个不可避免的普遍性两难困境，即如何将崇高的美好与创造力带入现实的世俗生活中，如何让物质和精神相互整合。

有一个不争的事实，人和制度都无法优雅地自行退场。有些人会牺牲自身的青春热情来换取社会意义上的责任，继而变得保守、戒备和僵化，切断了与永恒少年的创造精神之间的联结。有太多老年人变得多疑、迂腐和因循守旧，而不是根据后半生的需要来拓展自我。我们体内有一种本能的永恒少年能量，随着年龄的增长，这种能量需要被唤醒并加以培育。如果永恒少年无法持续存在，我们就会变得墨守成规、教条武断、吹毛求疵甚至独裁专制，我们就会被规训、体系和安稳牢牢束缚。

我们也非常熟悉那些被永恒少年过度支配的人。虽然它们在人生的前半段更为常见，但永恒少年和永恒少女会出现在人生各个年龄阶段，这一能量体现在男欢女爱这方面往往都是令人愉悦的。这样的男男女女经常给人清新脱俗、朝气蓬勃、充满乐趣而又捉摸不定的感觉。对永恒少年来说，生活永远不会枯燥乏味。然而，一旦这个人进入一段亲密关系，而这股能量又过于强烈的话，就会显得有些浪荡不羁而又充满危险。这些永恒少年和永恒少女永远无法托付终身，担心做出决定就会限制他们的自由。他们满脑子奇思妙想，却从未真正兑现。面对压力，他们往往变得幼稚，想要被人呵护。在人生的后半段，被永恒少年原型所支配的个体可能会表现出缺乏成熟、自我中心，无法跨越自己在成年早期建立起的身份认同。

显而易见，年龄上的增长并不一定意味着成熟。

几年前，有一位寡妇来找我进行咨询，她在两位追求者之间犹豫不决。提起第一位追求者时，她说，第一次约会，他带她去公园看松鼠表演。这足以让我勾勒出他的形象，因为我立马就能识别出永恒少年强大的存在感。第二位追求者是个银行家，财力雄厚、踏实稳重，但有点儿古板和无趣。她应该嫁给哪一个呢？

我们来来回回聊了一阵子，然后她离开了。

几年之后，我在路上偶遇她。寒暄过后，我问她最终嫁给谁了。

"哦，我跟吉姆结婚了，那位银行家。"她回答道。接着，是一阵沉默。

"那么，感觉怎么样啊？"我问道。

"哦，还不错。"她带着一丝无可奈何的神情："只不过，他不带我去看松鼠。"

寥寥数语，她已经概括出了片面地接近两种核心原型能量的整个困境。因为真正意义上的成熟要求这些原型维持一定的平衡，并在动态中相互影响。

对成熟持片面观点会带来诸多不利影响。真正的成熟所需要的并不是退回到青少年那样的没有担当，也不是要默默承受无穷无尽的责任（通常可以理解为对社会规范的尽职服从）。真正意义上的成熟意味着具有更好的应对能力，能够更加灵活、热情、强有力地应对生活中的挑战，意味着能够过上一种自主而真实的生活；同时，真正的成熟是可以整合对立两极，让双方和谐共处的。

青春之泉

青春之泉是一种传说中的泉水，传闻喝了它的水就能返老还童。据说它的所在地是佛罗里达，喷泉的故事是与美国这个国家有关的最长盛不衰的传说。难怪那里涌现了这么多养老社区。一个经久不息的说法是，1513年，西班牙探险家胡安·庞塞·德莱昂（Juan Ponce de León）抵达如今的佛罗里达时，他正在寻找青春之泉，不过，这个想法并不是他最早提出来的，也并非新大陆独有的。有关治愈之水的传说可以追溯到古代。有关宝藏的神话故事中，人们所追寻的宝物经常是长生不老，如哲人石、万能的灵丹妙药和长生不老药。

虽然我们的现代经济得益于对青春的狂热，它会向我们兜售大量宣称可以永葆青春的物质商品和服务。但随着年龄的增长，我们真正所需要的其实是永恒少年的内在资源。这种能量无须付费、长久有效，能够令人焕然一新，我们只需拥有乐于尝试、勇于探索和自得其乐的心态就能获得。

玩乐精神

对孩子来说，玩乐可能是最简单的一件事情。儿童处于瞬息万变的状态，他们有能力快速地从梦幻切换到日常，然后再回去，这一切都在瞬间发生。他们随心所欲地玩耍，依照自己的天性来处事。然而，随着意识的增长，我们体验到生活的错综复杂，玩乐逐渐变成了一项艰难的成就。

在我小时候，市中心附近有一个地方，我们称之为"rec"，这是娱乐中心的简称，我们经常去那里玩。所谓娱乐（recreation）或"再创造"（re-creation），其实就是用最简单的词语把各种想法串联起来，在上古时代出现的一些深奥的神学著作中也能找到这类做法。例如，梵语Lila的意思是"神圣游戏"，指的是宇宙的创造、毁灭和再创造。宇宙的演变，这个最玄妙莫测的奥秘，被视作神圣的游戏，即上帝的乐趣所在。

在卡斯托尔和波吕克斯时期，古希腊人用"paignia"这个词来表示玩乐。他们还把它拟人化成一位娱乐女神，以此表明游戏和玩乐在当时人们生活中的重要性。权力、娱乐和神圣结合在一起，使古希腊舞蹈、戏剧、哲学以及其他文明成就如此长盛不衰。

猴神的礼物

另一个我特别喜欢的古老传说是《罗摩衍那》。这个来自印度的故事讲述了一个人的人生之旅和他逐渐开悟的过程。其中有一段重要的情节，国王罗摩在早晨主持朝政。在那个美好的年代，王国里的任何人都可以在国王料理朝政时，来到他的宝座前禀明自己的问题和忧虑，国王可以为其伸张正义。这位君主会聆听当下最迫在眉睫的问题，化身为智慧老人，为他的子民主持公道。

每天早晨，当罗摩坐在他的宝座之上，正准备听取一长串的请愿者和忏悔者的陈述时，一只猴子从窗户跳进来，给国王带来了一块水果。这种情况日复一日地持续。罗摩对此习以为常，并没有太在意。他会接过水果，谢过猴子，然后把水果扔在身后，继续手头的工作。

在这位英明国王的宝座后面，堆积了一大堆被丢弃的没用的水果。一天，有人在打扫卫生时，在王座后面发现了一堆珠宝。似乎每一片水果都包含着一颗宝石。神猴哈努曼[1]（Hanuman）是神祇在人间的化身。每天早上，神猴都会向国王献上一份礼物，而国王只是把礼物扔到一边。

在你生命中的每一天，猴神哈努曼，也就是你创造潜能的直觉之声，都会递给你一块镶着宝石的水果。而你内在的国王，忙于一天的责任、冲突、焦虑和担忧，却将它弃之一旁而不顾。我们每个人的宝座后面都有一大堆宝石。这些都是未被发挥出的潜能。如今，它们都任你差遣，假如你能对原型能量敞开心扉的话。

象征生活中蕴含娱乐

在娱乐精神中，我们可以把之前被分裂开的元素结合起来，从这个意义上说，象征是一种高度复杂的游戏形式。游戏能够丰富我们的应对方式，是对现实的重新诠释，也是以出乎意料的方式来体验生活。纯粹的游戏与足球或交响乐之类的比赛有所不同，后者有既定规则和明确的目标。我们在电视上所观看的职业体育赛事是一种高度受限的比赛形式，正如斯蒂芬·纳赫曼诺维奇（Stephen Nachmanovitch）在一篇关于游戏与精神性的精彩论述中指出的那样，就连业余运动比赛似乎也越来越多是出于骄傲或贪婪的卖弄，

1　哈奴曼（Hanuman），印度教神话人物，印度史诗《罗摩衍那》的神猴，拥有四张脸和八只手，解救阿逾陀国王子罗摩之妻悉多，与罗刹恶魔罗波那大战。神猴哈奴曼的故事是印度神话中的精品，哈奴曼不仅在印度家喻户晓，而且在东南亚各国人民的心中亦敬他为英雄。——译者注

而不是出于对该项比赛的热爱[1]。当玩乐精神被用来满足自我的需要时，它就会遭到扭曲和破坏。玩乐是一种崇高的品质，你可以把它带到任何事情当中，它是一种态度和存在方式，而不是一种固定的活动。当游戏是自由的，没有按照某些既定规则或规定精心设计过，它就会变得难以预测、令人兴奋、富有风险，其中的一切皆有可能。

为了让永恒少年的精神在我们的后半生依然保持活力，我们必须再次学会与我们的体验开展游戏。在被工作、义务和责任压垮之前，不妨回想一下经由探索和发现带来的喜悦之情。生命在于运动，静止意味着死亡。当我们执着于可预测和恒常之物时，我们变得越发"死气沉沉"。热情与游戏的精神密切相关，这个词来自古希腊语theos，意为"神灵"。拥有热情就是让自己如有神助，这样自我就不需要孤军奋战了。

荣格有一本日记本，上面记满了文字和插画。歌德的杰作《浮士德》中有一句格言给了荣格清晰的启示："成形，变形，永恒的心灵永恒以创造性。"在思考这句格言时，荣格写道："新事物的创造并非来自智力，而是源于内心所需的游戏本能。创造性的心灵会与它所热爱的事物一起玩耍。"[2]

1　有关游戏及其在艺术和生活中的作用的精彩论述，请参阅斯蒂芬·纳赫马诺维奇（Stephen Nachmanovitch）的《自由游戏》（*Free Play*，纽约：塔彻尔出版社，1991年）。
2　C. G. 荣格《荣格文集》，第六卷，第6段，第197页。

从天真稚气的游戏中获得的远见卓识

主动想象最初并非作为一项完善的治疗技术而问世的。荣格在自传中写道，在与职业道路上的同伴弗洛伊德分道扬镳后，他开始经历一段游移不定的时期：

> 最重要的是，我觉得有必要对我的病人形成一种新的态度……于是我对自己说："既然我一无所知，那就干脆想起什么就做什么。"因此，我有意让自己沉溺于无意识的冲动之中。最先浮现出来的是我10岁或11岁时的童年记忆。那时候，我有段时间沉迷于积木游戏。我清楚地记得自己是如何搭建小房子和城堡的。令我惊讶的是，这段记忆浮现出来，竟伴随着大量的情绪。"啊哈！"我对自己说，这些东西居然还是有生命的。那个小男孩儿如今还在，他的生活充满创造力，这正是我所缺乏的。但我要怎样才能到他那儿去呢？作为一个成年人，我似乎不大可能重新回到11岁。然而，如果想重新与那个阶段建立联结，我别无他法，只有复归彼处，看是否能够重新接纳那个玩幼稚游戏的孩童。[1]

---

1 C. G. 荣格：《回忆、梦境、思考》，理查德·温斯顿和克拉拉·温斯顿译，纽约：Vintage Books，1963年，第174页。

荣格指出，对于一个病人络绎不绝的专业医生来说，让自己放下身段开始幼稚的游戏是件很尴尬的事。尽管如此，在给病人看病的间隙，他开始在湖边和沙滩上收集石头，搭建小别墅、城堡，最终建造出一整个村庄。很长一段时间，他每天都会玩他的搭建游戏。他发现，在这个充满乐趣的活动过程中，他的思想变得清晰，能够领会大量的幻想，从而带来创造性的突破。随后，他发表了大量的研究论文，这些论文都是在玩石头、木棍和沙子的过程中产生的。这次尝试后来成为包括沙盘疗法、梦的分析和主动想象在内的诸多治疗技术的基础。

即使是最严肃的人在日常生活中也会有游戏，即便他们自己也许并不这么认为。最常见的一种游戏形式莫过于日常对话了。我们会借鉴文化、词汇和语法所提供的结构，但最终组成的句子却完全是由我们自己创造出来的。你不妨试试听一段陌生语种的对话，或者忽略一段母语对话中的具体内容，仅仅留意其过程：对话中的抑扬顿挫、起承转合、音调高低，以及双方交互的节奏。每一场对话都可以是富有娱乐性、创造性的行为。

写作、绘画、外科手术、调试电脑程序、搞发明、"玩"股票、调适引擎、艺术、体育——一切创造行为，其中一些相当严肃——都离不开我们玩乐或游戏的能力。

音乐——无论是淋浴时的纵情放歌、边清理树叶边吹的口哨，还是正式演奏乐器，均源自我们内在玩乐的冲动。对爵士或任何即兴艺术来说，最佳的状态便是任凭每一个瞬间的创意自行流淌，这样的表演光彩夺目、欢快流畅、激情澎湃又能深入人心。要想生机盎然地活在当下，我们就要对当前所处的环境保持警醒，并能够创造性地做出反应。当然，你不可能没有学习乐器的基础就直接即兴演奏音乐。一切成就都是如此，勤学苦练是不可或缺的。

在基督教传统中，我们被告知只有那些"宛如孩童"之人才能进入天国。用心理学的术语来说，这意味着假如我们的努力缺少孩子般的无忧无虑的品质，我们就无法体验到精神性和神圣。请注意，我说的是孩子般的，而不是孩子气的。在更大的觉知状态中，心灵处于最强烈、最投入、最清醒的状态。

片面性的危害

人生变幻莫测似无常之雨，生命南北东西如不定之风，这意味着我们需要不断做出新的尝试。然而，人类的自我却与此背道而驰，它竭力将现实套入现有的心理结构当中，追求的是安全感和可预测性。

这很像普罗克汝斯忒斯（Procrustes）的古老传说，这是与卡斯托尔和波吕克斯同时代的另一位古神话人物。你可能听说过普罗克汝斯忒斯之床。普罗克汝斯忒斯这个名字的意思是"拉伸者"，据说这个人在路边建了一所房子，在那里款待过路的陌生人，邀请他们美餐一顿并在他特别的床上休息一晚。普罗克汝斯忒斯说这张床有一种独一无二的特性：它的长度会和躺在上面的人完全一致。但是，他没有主动提到这种"放之四海而皆准"是如何实现的。实际上，客人一躺下，普罗克汝斯忒斯就开始对其动手，如果人的身高比床短，他就把人的身体强拉到与床一般长；如果太长了，就把人的双腿砍掉。

当我们被智慧老人的原型过度支配时，我们就会变得像普罗克汝斯忒斯一样，如果体验不符合我们刻板的、先入为主的想法，我们就会将其扭曲或切断。

内在的永恒少年仿佛是治愈陈旧躯壳的万应灵丹。缺少了这种能量，我们会行将就木。

反过来，如若我们的界限消失或世界似乎即将分崩离析，那么，就需要更多智慧老人能量的加持。每当有人告诉我他们正走在精神性之路上，在努力摆脱自我的时候，我总会哑然失笑。如果你完全摧毁了意识自我，那你就是精神病患者，而不是开悟之人。那些试图摆脱自我束缚的西方人士，最终往往以披着精神性外衣的自我膨胀而告终（我们走得太远了，太个性化了，以至于无法回到简单纯粹的前自我意识状态）。然而，你可以把自我转移到某种关系中，服务于更伟大的事物。如此一来，自我结构就能处理现实层面的问题，使现代生活可以维持下去，只不过它需要在适当的水平上运作。

对这种方法的另一种表述是，不妨将自我当成觉知而非决策的器官。这就需要将注意力从"对我有什么好处？"（意识层面的自我觉知）到"此刻需要什么以获得更大的统一、整合以及创造性表达？什么有助于促成更广阔的永恒？"（更宽广的原我觉知）。我将在第九章对这种意识的进化进行更多讨论。

完美主义的诅咒

对永恒少年精神的一种常见障碍便是完美主义。我们许多人会受到内在批评者的驱使，它是发展不成熟、具有破坏性的智慧老人形式。无论我们拥有多少幸福和成就，它都永不满足。每当你咬紧牙关面对一些问题或困难时，这种紧绷的状态很可能会导致问题的发生。这就是为什么孩子们可以摔倒而不受伤，而我们成年人经历类似的情况却要去看医生的原因之一。通往强大的道路是由脆弱和开放铺成的。错误是绝对必不可少的。遗憾的是，我们所受到的教育却是把错误当成应该害怕、隐藏或躲避的事情。

假如你是一个遭到完美主义诅咒的人，请你想一下恒温器是如何工作的。恒温器永远不会有刚刚好的温度。你的房子温度稍微低于设定温度，恒温器就会打开暖气，它会一直运行，直到室温有点儿过高，然后它就会把暖气关掉。超过目标值了，便及时进行修正；低于目标值了，再重新调整，如此循环往复。这是健康的自组织系统所具备的特点。同样的道理也适用于我们——当自我偏离轨道时，面对环境的变化，游戏恰是调控应对方式的关键所在，因为心灵必须就自身身份议题不断地提出质疑，再相应地探索答案。

不妨观察孩子们在玩耍时的状态，你会发现他们非常地专注，而且会有一种全然的存在，那是一种准备好面对一切的态度。

日本禅宗大师铃木俊隆曾指出，在初学者的头脑中有很多可能性，但在专家的头脑中却很少。我们很难做到像初次接触新鲜事物那样纯粹地处理一件事。禅修的目标就是在任何时候都保持这种开放和临在。一旦我们开始有所分别，开始依赖某种习惯性的模式来感知现实，我们就束缚住了自己。

一只海豹带来的疗愈

当你的工作或生活变得索然无味时，不妨试着带入一些永恒少年的游戏、娱乐精神，这可以为你的努力增添轻松和活力。我曾经认识一位名叫丹（Dan）的人，从他所经历的中年大转变中，可以看到永恒少年的治愈力量。

丹在事业上一帆风顺，30岁就已经坐拥亿万身家。他是个工作狂，尽管在物质上相当成功，丹内心却十分痛苦：他一直很焦虑，患有胃溃疡，厌倦了投资管理的生意，与交往多年的女友的关系也陷入僵局。他无法放弃自己的事业或感情——他觉得自己仿佛是被那些成就了他人生的东西困住了。

丹和我就他的选择进行了几次讨论，但他似乎并未取得多大进展，直到有一天，在一次咨询过后，他沿着南加州的海滩散步。在举世闻名的斯克里普斯水族馆附近有一个小海湾，海豹喜欢在那里聚集。那是一个工作日的下午，丹发现自己是当天那片海滩上唯一的一个人，与他分享这片海滩的只有一只非常好奇的海豹。起初，他们彼此都小心翼翼地盯着对方，但好奇心最终占了上风，两个物种决定接近对方。他们一拍即合，不久，人和海豹就沿着海滩跳起舞来，然后一起在太平洋里嬉戏游泳。他们的嬉闹持续了将近两个小时，最后才依依不舍地分开。那是一次转化性的经历。

下一次咨询时，丹甚至还等不及走进门，就滔滔不绝地开始讲起这个故事。我给他加油打气，咨询结束时，他声称自己再也无法否认自己的天性了。他要回家做"一切必要的事"。好吧，我想，我费尽全力，还比不上一只海豹的治疗效果。它使丹身上的永恒少年的能量重新焕发生机。

几个月后，丹出现在我面前。虽然花了一大笔钱，但他已经解决了与女友分手的细节问题，把自己的股份卖给了一位合伙人，还买了一艘30英尺长的帆船。他与海豹的邂逅为他指明了通往新生活的道路。丹在接下来的几年里一直在航海。他向往大海的自由自在和瞬息万变。在随后的几年里，他偶尔会带我一起出海，在海上你再也没有见过比他更自在、更满足的人了。我最后了解到的情况是他接受了一家海洋生态研究所的工作。丹直接活出了他未曾体验的人生。

显而易见，并不是每个人都有能力或意愿像丹那样直接面对自己的未竟人生。幸运的是，他拥有足够的经济实力来做出重大的生活改变，尽管卖掉令自己心生厌倦的生意、结束一段不愉快的亲密关系是痛苦而昂贵的，但他通过重新安排外部现实的事物，直接面对了自己内心未被开发却呼之欲出的特质。如果你能这么做，当然很好，但通过主动想象进行象征性的工作也同样有效。

练习：跟随内心的挚爱

你知道吗，我们在情人节寄便条的传统起源于一位意大利修道士瓦仑廷斯（Valentinus）。他在晚年渐渐对自己身边每一个人都充满了无尽的爱。为了慰藉心灵，他开始给越来越多的人写信，表达感谢和虔诚，最后，修道院的长老们允许他待在自己的小屋里，什么也不做，只是通过他的小纸条来倾诉他的爱。在他死后，终于被封为圣徒。

如果你被困在人生的后半程，被责任、义务和职责压得喘不过气来（这是大多数现代人的境况），那么你必须找到自己挚爱的事物，找到新的方法将快乐融入你为之所奋斗的事业中。有什么会让你感到活力四射、热血沸腾？给仍在你心中的永恒少年写张便条，然后把它放在枕头下或电脑旁边。你的内心可能会通过梦或灵感爆发的方式做出回应。关键是顺其自然，不要害怕（这么做）看上去很愚蠢。无意识会以你对待它的态度来给你回馈。无论涌现什么意象，就其展开主动想象，她或他想要什么？跟随这股力量，它会带你走出你所陷入的任何困境。

第九章

整合生命中的
对立两极

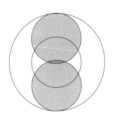

关于双子星座最古老的说法似乎起源于印度，在印度，这两颗星被称为双马童（Aswins），即带来黎明的孪生骑士。这一说法或许可以追溯到大约六千年前，当这对星斗出现的时候，正值春分时节的黎明，天空刚刚开始变亮之时。因此，双马童被认为是春天黎明的预兆。将星斗视作双胞胎的象征，这样的概念显然从印度和波斯传到了希腊、罗马，然后传遍了整个欧洲。

春天的黎明。勒达的男性子嗣，卡斯托尔和波吕克斯的意象也是永恒而充满希望的。他们是存在于每一组二元对立背后的统一性的原型象征。

宙斯试图让卡斯托尔和波吕克斯两兄弟在奥林匹斯圣域和冥界两地待同样的时间，但这一妥协方案在现实中很难行得通。最终，这对双胞胎彼此都发现，自己生活在对方那个世界实在是生不如死。在经历了许多痛苦之后，宙斯才找到了更为根本的解决办法：他让凡人卡斯托尔成为神，让这两兄弟永生永世地拥抱在一起。这种解决办法在我们的文化中尚未普及。

将曾经无意识的部分变得意识化，即让它准备好与天界的兄弟一起站在天空中。这样，二人都能呈现神性的美和神圣。唯有如此，卡斯托尔和波吕克斯二人才能在同等的高度上相拥。这便是一种整合。

妥协（让他们二人一半时间在冥界，一半时间在奥林匹斯圣域）是自我的产物，缺少更深刻的意义。而整合，则是看到对立两极双方原本就属于完整统一的整体性，而其根源便是神圣的。基督教神学在这一点上认为，任何问题都无法在凡人的层面上得以彻底解决，只有借由上帝的恩典方能得以妥善处理。这听起来十分美妙，但其中的真谛却很难被真正领悟。

我们究竟要怎么做才能真正地将自我与原我相统一？怎样才能将尘世生活与追求圆满的精神性召唤整合起来呢？

宙斯将卡斯托尔送入夜空，使他得以永生。这是否意味着我们应该将尘世的一面彻底精神化呢？也许有人会说，摆脱二元对立的方法就是"丢弃"我们的本能，尤其是性欲，要唾弃我们天性中一切世俗的部分。某些精神性传统便采用这种方式。例如，有些古典教派的拥护者宣称，我们身体的一切都是有罪的（如若无法完全去除这罪），至少应该尽量让其保持在最低限度内，甚至连快乐和欢娱也要遭到质疑。我们的许多祖母辈都会竖起严厉的食指，告诫我们说："不要高兴得过了头，要赶紧冷静下来，否则你会冒犯我们敬爱的耶稣。"

这种做法或许可以看作对于物欲横流文化必要的补偿手段。但对于我们现今这个过于抽象、思维功能占主导地位的时代来说，它并不是一剂良方。新时代来临之际，我们或许需要一些不同的东西。一种更为古老的信仰，来自古希腊文明的神话故事，提供了一种完全不同的解决途径。

我们不妨试着将"意识"一词进行"神化"。也就是说，无意识深处的那些部分必须被意识化。这是否意味着要净化我们的恶习？这难道不会威胁到我们前半生勤勉努力才塑造出的美德和价值观吗？

善恶相随

让我们一起来整理一份清单，列出那些众所周知且毫无疑义的"美事"，它们位于我们人格天平被推崇的那一端。

我们都知道胜利是好事，我们都喜欢成为获胜的一方。生活中的许多事情都是为了能够赢得胜利而设置的。不可否认，获胜能够令人心满意足。对大多数人来说，胜利比正确要更重要。

毋庸置疑，"获得"也是件好事。我们会在下午去信箱看看有什么东西寄到，假如收到的是一张美好的支票，又或者是工资或所得税退款到账了。这些都是实实在在的好东西，让我们觉得自己得到了肯定。

有收入是一件绝妙的事，没有人会怀疑这一点。我们会问别人："你是如何来谋生的？"而且我们会根据一个人的收入得出一些结论。收入让我们有一种稳定、踏实感，它也是衡量我们成功与否的标准。赚到钱是妙不可言的体验，能够赚到钱会给人一种正派、干练的感觉：这是属于你的了，这是你应得的。这些让人容光焕发、精力充沛。

同样，每个人也都知道吃东西是件好事。饱餐一顿后，我们会感到充实。"离我的午餐时间还有多久呢？"我们很多人会盼着吃饭的时间。三餐作为时间节点，成为我们一天生活中的基本节律。

有所作为也是极好的。朋友们会经常建议说："不要只是被动地接受，就去做点儿什么。要掌控自己的生活。"如果不喜欢自己的现状，那就去做些什么；如果感到孤独，那就去结交朋友；如果没有足够的钱，那就去工作；如果不喜欢现在的工作，那就换一份更好的；如果不支持现有的办公室政治，那就号召大家来推陈出新。不要光站在那里，要做点儿什么。

"拥有"也是十分美好的。我们大多数人渴望拥有自己的房子。这样，你就不用再受制于房东。房子是你自己的，没有人可以对你的财产指手画脚。因为安居乐业之后方能落地生根。同样，能够拥有一辆自己的汽车也很棒，不用分期付款，它就是你的。拥有财产标志着良好、稳固的自我认知，不仅是房子和汽车，还有我们身边所有用来肯定我们存在的东西：电脑、电视、手表、戒指——这些全部是我们的财富。财物是我们自我的延伸，别人以此为媒介来跟我们接触。它们标志着健康的成就感以及成功的生活。

忙碌也被认为是一种好品质，忙碌的双手是幸福的双手。魔鬼便是无所事事所造成的。我们早上起床后，喝杯咖啡，然后规划一下一天的工作，这是多么惬意的事情。就像我父亲常说的那样："让我们出去做点儿什么吧，哪怕是错的。"

性爱当然是好的。它是关系、是接触、是让自己的躯体回归自然本性、是超越自我，也是奉献的最高形式。是爱让世界得以运转起来的。

果断也是一种美德。不要做一个拐弯抹角的人，遇到事情不表明自己的立场。跟果断的人相处是件很棒的事，因为你知道他们是什么样的。担任要职也需要果断的品质，如果你总是左顾右盼，经常看形势改变主意或更换立场，你就会被贴上"墙头草"的标签。

自由无疑是件好事。拥有选择的自由是一件极好的事情，是意识自觉的标志，亦是崇高的美德。

民主是非常好的，我们会为它战斗，为它流血牺牲。世界各地都有为了维护民主而发生的战争。权力也是好的，只要它掌握在正确的人手中。那些拥有个人权力的人是那些当选的人，或者是那些周日站在布道台之上的人，或者是那些获得晋升的人。银行行长、律师、医生——这些都是掌握权力的职业，因此他们往往也会得到丰厚的回报。

头脑冷静无疑是一种优秀的品质，我们要求那些掌权的人也能保持清醒冷静。

清晰是极好的，能够和思路清晰的人相处是件幸事。人们说温斯顿·丘吉尔是一个伟大的人，因为他总是毫不含糊。如果你问他对某个问题的看法，他会直截了当地告诉你："这就是我的立场。"如若事实证明他是错的，丘吉尔一般也会坦然承认。当你感到困惑或迷茫时，得到明确的答案或清晰的指示会让你如释重负。

意识也是一种崇高的品质。对于那些对心理学、精神性、自我完善和个人成长感兴趣的人来说，意识意味着觉知、清醒和机敏——这些的确是非常优秀的品质。

这份关于优秀品质的美德清单还可以继续列举下去，不过我就不赘述了。你可以列出自己认为正确和真实的价值观。当然，对这些优秀品质的倡导是毋庸置疑的，我们中的大多数人至少用了自己半生的时间来追求这些优良品质。

那对立两极呢？

现在，让我们把这些优良美德调转过来。关于这些品质的精神性观点又是什么呢？

古今中外的智慧传统无不信奉这一理念：输比赢好，施比受好。我们在孩提时代，就一直有人这样对我们说——难道这只是为了让我们守规矩而说的糊弄小孩子的话吗？《圣经》中明确指出：要变卖你的所有，分给穷人；富人上天堂的机会就像骆驼穿过针眼一样渺茫。至于赚钱，精神追寻者会发现，财产只会成为觉悟之路上的障碍。早期的基督教不讲私人所有权，因为它对献身于上帝的人来说无异于是诅咒。

传统智慧还认为，禁食胜于进食。在沙漠中禁食四十昼夜的人，是在为自己与神灵相遇做准备。斋戒是为了纪念圣日。

至于行动，我们被诚恳地告知，凡事最好是忍让和宽容一些。

至于忙碌，很多大德圣贤皆以长期的沉默和无为而闻名于世；在性生活方面，独身和贞洁被奉为美德——你要把精力留给上帝，而不是不分青红皂白地将自己奉献给这个世俗之地。

至于果断，我们建议精神追求者听从上帝的旨意，而不是徒劳地追求自己内心的欲望。出家僧尼发愿要服从神明的旨意，放弃自己的自由。佛教徒相信，只有在别无选择时，你才是自由的。因为自由会产生焦虑，而痛苦源于喜爱。每一个选择都会带来偏狭，侵蚀我们的满足感。

民主并不是精神世界的运作方式，而你所遵循的是传教士、上师、瑜伽士、萨满、拉比、戒律和教皇的言行。至于权力，每个人都知道，权力使人腐化，绝对的权力导致绝对的腐化。权力是爱的对立面——权力是控制他人的欲望，而爱是与他人合而为一的欲望。只要有无条件的爱，就没有权力的问题。从宗教的角度来看，爱更为可取。"爱能知万事，爱能胜万事，爱能忍耐万事"。

那么意识呢？从宗教的角度来看，冥想状态和内心世界要比外部现实高级得多。在东方，意识被称为玛雅（maya），翻译过来就是"幻象"。当你认为自己有意识、专注、理智的时候，实际上你可能仅仅是沉溺于自己的幻觉之中。此外，如果你过度专注于自己的外在日程安排，你也无法找到上帝（尽管专注对于按时上班、完成所得税表格或制造车辆来说是件好事）。真正的探索者会渴望扩展自己的意识觉知。

我们的文化可能偏爱清醒的头脑，但上帝的信徒却渴望狂喜。毕竟，让自己沐浴神的和风——这一点儿也不清醒。

因此，这里有两套价值观和美德体系。一套是我们在社会文化中珍视和颂扬的一些主要品质，但另一套似乎处处与之矛盾。事实上，没有任何一种美德是不容置疑的。再举一个例子：我们被告知谦虚是一种崇高的品质，但如果一个人的自尊心少得可怜，这时他需要的是更多的骄傲，而非谦卑。我们还可以看到，愤怒作为所谓原罪之一，而在面对压迫时它却是一种恰当反应。

这是每周日电视上那些布道家们所告诫的可怕的道德相对主义言论吗？或者这才是现实的本质？

荣格预言，我们正在迎来一个急需新道德的全新时代。他写道，我们可以将这种新伦理定义为"旧道德的发展和分化，目前它仅限于那些在不可避免的责任冲突驱使下，努力使意识和无意识处于一种责任关系之中的不寻常之个人"[1]。

旧的伦理道德建立在一套绝对的价值观和原则基础之上，人们必须遵循这些价值观和原则，才能在维持社会秩序、促进人类福祉的同时达到道德的至善至美。旧道德认为善与恶是矛盾的对立两极，因此一些想法、情感和行为是必须禁止的，否则我们就会陷入罪恶的境地。这种陈旧的伦理道德观无法推动我们人生后半段的发展，即发展更为伟大的真实性、整体性和统一性[2]。旧的伦理是一种意识的产物。而如若我们要在这个世界上继续繁衍生息下去，就必

1　参见荣格在埃里希·诺伊曼（Erich Neumann）所著的《深度心理学和新道德》（*Depth Psychology and a New Ethic*，香巴拉出版社，1990年）一书中的推荐序言。
2　相关问题的见解与探讨特别感谢荣格分析师理查德·斯威尼（Richard Sweeney）及其他尚未公开发表的论文《阴影原型及对新道德的探索》（*The Shadow Archetype and the Search for a New Ethic*），这篇论文于2007年3月17日内部刊登，可从俄亥俄州中部荣格协会获得。地址：俄亥俄州哥伦布市第三大道，邮政编码OH 43201。

须设法超越这种片面的意识态度。

有两种类型的对立两极：一种是彼此互斥、相互抵消的绝对对立两极（contradictory），如右和左、上与下；另一种则是彼此融合、从未彻底分裂开来的相对（contrary）对立两极，如明和暗、健康与疾病。例如，在我写下这些文字的时候，窗外的天空随着太阳的升起从彻底的黑暗变成局部光明，再转为更大范围的光明，然后随着一片乌云的飘过，转而又增添了些许黑暗。同样，我们任何一个人都无法处于完全的健康之中，而是会在健康与疾病之间经历摆荡的动态过程。旧伦理的二元论观点鼓励分裂而非整合，因为它认为善与恶是彼此互斥的绝对对立两极。那些与生俱来、出自秉性的念头和感受，如若未曾被我们触及，它们会受到压抑，陷入无意识之中，最终会通过神经症症状的形式或通过被我们投射到不信任和抗拒的他人身上的方式，反过来又一直困扰着我们。我们不难发现，不良情绪往往是长期良善的结果。

在非黑即白思维（绝对对立两极）中，我们被迫二选一。当我们面对悖论（paradox）之时，我们很容易陷入这种非黑即白的思维方式，但悖论是我们现代世界急需的意义之井。矛盾（contradiction）是静止不变的，而悖论则为优雅和神秘留出了空间。在某一意识层面上看似矛盾的东西，当我们从更广阔的视角来看待时，就会变成悖论。然而，我们需要继续在尘世中生活和处事。我们该怎么做呢？

行动即是罪

如若你无法正确地地看待生活中的悖论，那么你注定会备受折磨，最终很可能会变得愤世嫉俗、心灰意冷。你不能行动，但又不能完全无所作为。即使你暂时选择了一方，对立两极价值的出现最终会让你功亏一篑。如果我们试图像圣·奥古斯丁[1]或其他圣贤一样，能够及时、适当地审视和反思自己的人生经历，我们很快就会发现，正如奥古斯丁写道："行动即是罪。"重新审视那些我们不曾触及的未竟人生是一种深刻的悖论，这也是我们最初存有遗憾的原因之一。

我们拒绝接受现实的悖论本质，是将其理解为对立两极。例如，将游戏彻底从工作中剥离出来，两者都被破坏了。每当我们被夹在两个明显的对立两极之间，痛苦就会随之而来。

我们文化所盛行的态度是，应该竭尽全力把"他者"投射出去或遏制住，如此一来，我们就不会把未竟的人生当作我们自身的神圣权利和具有深刻意义的行为，反而认为它只会出现在别人身上，并将它深深地埋藏在自己的内心深处。我们常常会对自我当前"真理"清单中的对立两极感到厌恶，从而将相反的特质投射到别

---

1 圣·奥古斯丁（354—430），基督教早期神学家。其思想影响了西方基督教教会和西方哲学的发展，并间接影响了整个西方基督教会。他是北非希波里吉诃的主教，因其所著作品而被视为教父时代重要的天主教会教父。其重要的作品包括：《上帝之城》《基督教要旨》《忏悔录》。——译者注

处——比如兄弟姐妹、同事、其他种族或宗教团体的人以及异国文化。这是一种古老、原始、栽赃式的伎俩，把我们认为负面的那些品质放在另一个人或另一个群体身上，并因我们自己不愿面对的事情而憎恶他们。在这个相互依存、相互联系的世界里，这种原始部落心态会变得越来越危险。如果坚持用这种原始的方法来处理我们身上不完整和未实现的部分，这无异于是在自取灭亡。陷入偏执和狂热，这恰恰说明了一个人已经完全站在对立两极其中一方的立场上。我们必须对真理保持半信半疑，因为这种类型的正义取决于对"正确"的定义。

一旦你拒绝收回自己缺失的部分，就不可避免地会伤害到别人。而这是相当可怕的，它是真正的罪恶。

人类意识所经历的一切，都是以对立两极的形式呈现出来的。你在生活中所做或体验到的任何事情，在你的无意识中总会对应存在未曾触及的对立两极。真理总是成对出现的，我们要接受这一点，才能与现实保持一致。大多数时候，我们同时支持两种对立的观点，以此来回避冲突。例如，我不得不上班，但同时我又不想上班；虽然我不喜欢自己的邻居，但我还是得和他（她）保持友好关系；我应该减肥，但我还非常喜欢某些食物。我们每天都生活在这样的矛盾之中。

你无法直接消除天平的一端；把"恶"推卸到邻居身上也并非明智之举。不过你可以改变自己看待问题的方式。善与恶并不是绝对的对立两极，它们是以相反的关系存在的。也就是说，它们之间是此消彼长的关系，两者相辅相成、缺一不可。当你带着全然的觉知去接受互为对立两极的双方时，那便是接受了悖论。真正的宗教式体验正是发生在这些不可调和的时刻。

尽量让问题的双方都拥有同等的地位和价值。倘若你能坦然面对冲突的张力，就会找到比选择任何单独一方都更为适宜的解决方案。这两股力量会相互启发，带来新的见解。

从对立两极（永恒的冲突）发展到悖论（永恒的神圣），这是意识的飞跃。悖论迫使我们超越自我，涤荡那些幼稚、不合时宜的适应与妥协。

如前文所述，梵文"玛雅"一词的意思是"幻象"。"玛雅"是我们每个人都难免深陷其中的诡计或游戏，我们试图以此来摆脱日常的生活纠葛。有时，maya一词在英语中被翻译为"虚幻"。然而，这个词还有一个延伸之意，被人称作"玛哈玛雅"（Maha maya），"玛哈"一词的意思是"伟大"，Maha maya即"伟大的幻象"，是一种神圣的游戏。究竟谁对谁错呢？实现哪种品质更为重要？现实中的哪一面更加要紧？无论你的人生是对是错（在人类历史和社会文化层面上，我们都在试图破解和驾驭这个充满对立和斗争的世界），每一个人的经历充其量也不过是这场大戏中的一个片段而已。

那恶呢？

一位神学家曾经引用托马斯·阿奎纳[1]的话，说恶就是善的缺失。不过一位睿智的老僧补充道："但别忘了这句话的后半部分。"没有人知道这句话还有下文。这句话剩下的部分是："而这是本应该存在的。"所以，这句话完整的版本是："恶是缺乏本应存在的善？"这究竟是什么意思呢？

逐渐地，我开始体会到托马斯·阿奎纳以及那位老僧的深意了。如果我们用"意识"这个词代替原文中的"善"，这句话就变得更有价值了。那么，这位神父就会这样表述"恶是缺少了本应存在的意识"。换句话说，我们不能忽视那些虽未曾体验，但已在冥冥中成熟到足以形成意识的崭新能量。那些被否认或压抑的、准备好进入意识的部分的缺失，就是恶的根源。

这一理解提供了一套衡量标准，让我们明晰阴影中应该被关注的方面——那些迫切的、即将被意识到的部分。（这也说明了传教士的工作应该是走出去，用"真理"启迪世界上的异教徒，无论这真理是基督教真理、穆斯林真理、科学真理、心理治疗真理，还是

---

1 托马斯·阿奎纳（Thomas Aquinas，约1225—1274），中世纪经院哲学的哲学家、神学家。他把理性引进神学，用"自然法则"来论证"君权神授"说，是自然神学最早的提倡者之一，也是托马斯哲学学派的创立者，成为天主教长期以来研究哲学的重要根据。他所撰写的最知名著作是《神学大全》。天主教教会认为他是历史上最伟大的神学家，将其评为33位教会圣师之一。——译者注

其他任何特定的现实面。如若人们还没有真正准备好接受它，特别是传教士经常试图推销的那种教条式的真理，那么纠缠他们也是没有用的。）除非现实冷不防地从我们的心灵深处现身，让我们得以瞥见其浮光掠影，否则我们是不会相信的。（真理）必须是我们自己的意识所能领会的，而不是生搬硬套别人认为重要的东西。

我们身上的每一种可能性都值得被关注到，但不一定都要展现出来。那些已经呼之欲出却被拒绝的未竟人生，才是给我们带来麻烦的始作俑者。症状、意外、梦，这些都是原我在极力提醒我们，某些对实现圆满具足至关重要的东西被排斥在外了。比如，你有可能会感到头痛或背痛，也可能总是感到莫名的乏力倦怠，又或者可能反复出现令人不安的梦。要找到问题的根源所在，必须借助无意识而不是意识自我来进行梳理工作。令人惊奇的是，无意识中领域的某些部分十分善于梳理。如果你能倾听自己的症状，就会有某种意象产生，如果在意识中加以利用就能促发改变。

由此可见，被压抑的东西其实是被放错了地方，它们本质上并没有绝对的好坏之分，只是错位而已。从上帝的视角来看，心灵中没有任何无用之物，只不过未尽其用而已。我们的错误就在于，在错误的时间把一些潜能放在错误的地方，或是用错误的方法使用它们，然后称之为是坏的。

从 "非此即彼" 到 "兼而有之"

人类思维所能理解的一切似乎都是由一组组对立两极所构成

的，我们往往无法超越这一点。荣格曾经说过，中世纪的思维方式是"非此即彼"（Either/Or）的，但如果人类要继续繁衍生息下去，就必须学会"兼而有之"（Both/And）地整合视角。另一则希腊神话故事描绘出了我们分裂状态的一个面向：它说我们人类最初是有四条腿和四条胳膊的，同时兼具男性和女性的特征。可是在某个时刻，我们被分裂了，从那之后，这两部分就一直努力想要重新合二为一。

必然性以一种意想不到的方式保护着我们，使我们免于直面生活中的矛盾。但是，随着我们的生活水平越来越高，闲暇时间越来越多，对立两极之间的张力只会越来越大。当生活艰难时，必然性可以解决很多问题。这也许就是为什么大多数人无法忍受太多自由的原因——这种想法并不太受欢迎，也可能会被当作彻头彻尾的非美式思维。但是获得的自由越多，产生的焦虑也就越多，这是基于自我意识水平的结果。这便是二元对立的体验。

揭开这层面纱，就能获得一种更为通透洞达的意识，将生活中的对立两极整合起来。如果你试图去思考一个超越对立两极的整合视角，那么你已经把它分解成了人类维度。但是，我们确实得以瞥见生活在圆满合一之中会是什么样子。克里希那穆提（Krishnamurti）[1]曾经说过，通往天堂的主要障碍是我们对天堂的想法，我相信确实如此。

1　吉杜·克里希那穆提（Jiddu Krishnamurti, 1895—1986），印度哲学家。他是近代第一位用通俗的语言，向西方全面深入阐述东方哲学智慧的印度哲学家，对西方哲学和宗教领域产生过重大的影响。——译者注

要想走上觉悟之路，可以试着不要把生活看成是一系列必须与之抗争的矛盾，我们可以坦然地拥抱日常生活中发生的一切，安之若素。这意味着将自我投入其中。一旦你的力量和自由应运而生，你将会从分裂世界的无尽焦虑中解脱出来。要消除这种焦虑，你只需悦纳当下，如其所是。这听起来简单，做起来却很难。

建造神的殿堂

有一个发生在中世纪的精彩故事，有一个人看到一个推着独轮车的工人经过，便问他在做什么。那位工人回答说："你没看见吗，我在推独轮车。"另一个人也做着同样的事情经过，他也被问道："你在做什么？"这个人回答说："你没看见吗，我正在做上帝的工作，我在建造沙特尔大教堂。"[1]

同样的一件事，但觉知水平却大相径庭。第二位工人全身心地投入自己的工作中——将其与更伟大的目标联系在一起，从而使自己的人生变得有意义。生活中具体做什么并不是最重要的，重要的是你把什么样的意识觉知带入所从事的活动中。至于说你是在推手推车，还是在管理一家企业，这其实并不那么重要。关键在于谁在做这件事以及带着怎样的觉知。

其实自我意识本身便隐含着二元思维，即现实会持续不断地被

---

1 沙特尔大教堂（Chartres Cathedral），即沙特尔主教座堂，位于法国巴黎西南约70公里处的沙特尔市。据传圣母马利亚曾在此显灵，并保存了圣母的头颅骨，沙特尔因此成为西欧重要的朝圣地之一。——译者注

它分裂成"此"与"彼"，选择的和没选择的，活过的和未曾活过的。如果我们能欣然接受这一点的话，那么我们就准备好超越二元对立性了。

当年印度刚刚从大英帝国版图中独立出来之时，全国到处一片骚乱，国家即将分崩离析。新德里已经陷入战火之中，而加尔各答成了混乱和暴力最严重的地区。印度教徒和穆斯林信徒彼此间斗争不断。莫罕达斯·甘地（Mohandas Gandhi）[1]的对策是坐火车前往加尔各答。抵达后，他来到一位穆斯林朋友的家中，在俯瞰主干道的地方支起了绳床，并宣布自己将绝食至死。甘地出现在当地的消息像野火一样迅速传遍了整个街区，纷乱局势逐渐平息下来。这就是象征所具有的和解力量。甘地就是一位活生生的、具有和解力量的象征。我们一般都会认为这样的人非圣人莫属。然而，如此强大的象征力量就出现在我们每个人的心灵深处。

放下自我不是很好吗？活在当下，获得开悟？

佛教导师们会说，你为了逃脱根本的二元对立所做的任何事情，都只是给它喂食更多的能量而已。你唯一的选择就是停下来。那超越了普通人类自我意识的圆满合一之处，便在支点上。这就是圣地、圆融之境。要求人类意识为了拥有"正确"的东西而排斥其他东西，这只会让车轮再次运转起来。

---

1 莫罕达斯·卡拉姆昌德·甘地（Mohandas Karamchand Gandhi，1869—1948），尊称"圣雄甘地"（Mahatma Gandhi），印度民族解放运动的领导人、印度国民大会党领袖。——译者注

接纳现状，如其所是

看上去最好的解决之道便是什么都不做，但这样也并不完全正确。有一种意识态度有助于让我们慢下来，我在本书第四章"有为与存在"一节中介绍过这个方法。立于"存在"之境，我们可以如其所是地进行观察，并通过我所说的有意义的受苦（creative suffering）来接纳它。这不同于被动地接受悲惨的命运，也不是咬紧牙关硬撑，更不是愤世嫉俗地做最坏的打算。那些是神经症式的受苦。有意义的受苦意味着主动承担。"suffer"一词最初含有"允许"之意，例如在莎士比亚的一部戏剧中，一位朝臣说："我允许你在国王面前说话。"因此，有意义的受苦就是允许现状的发生，停止与之争斗，转而认可自己的生活。有意义的受苦是如其所是地接纳现状。救赎会从这样的体验中升起，并带来疗愈和自我觉知。倘若你能够诚实地评估自己生命中的真实状况，客观而明智地看待它，那你就离开悟更近一步了。因为你不那么依赖逃避机制了。借由真正的诚实和真诚如其所是地面对当下的每一刻，便会带来觉知。

当上帝"将光明与黑暗分开"的时候，一如《创世记》中所记载的，并不是上帝舍弃了黑暗，而是说光明和黑暗同属于上帝。同样的道理也适用于你能想到的每一组对立两极，无论是炎热与寒冷、粗糙与光滑、潮湿与干燥，抑或是快乐与痛苦。对立两极会成对出现，这便是世间的主要规则之一。

这一观念跨越了地域与时空的局限，也超越了信仰和传统的界限，出现在众多神秘主义者的作品之中。威廉·布莱克（William Blake）在其长诗《天真的预言》中精练地将其表达出来：

> 欢乐与悲伤天然交织在一起，
>
> 恰好做神圣灵魂之外衣；
>
> 每一种痛苦，每一次忧愁，
>
> 亦都贯穿着欢愉的丝缕。
>
> 现实本来即是如此。
>
> 因为人天生能苦又能乐；
>
> 这道理如若我们能了然，
>
> 全世间的坎坷亦变坦途。[1]

布莱克发现了使对立两极到和谐统一的方法。倘若能实现，"全世间的坎坷亦变坦途"。

基于这一观念，我们可以推测基督教原罪教义的起源。人类生而有罪（我们可以把这理解为一种对立两极之间的张力，而非实质意义上的恶）。要摆脱这种状态，我们就要失去作为人的状态——把我们通常意义上的自我钉在十字架之上。或许还可以更进一步，有没有可能我们的人类状态是与另一种更深层次的意识相对立呢？在任一既定时刻，我们只能体验到分裂的世界或完美的天国，而不

---

1 摘自威廉·布莱克（William Blake），《天真的预言》。

能两者兼而有之吗？

如同双子星座的神话故事一样，我们都经历了从整体中跌落、分化出不同的意识状态，这就是我们生命不争的真相。同样真实的是，我们内心的某些东西从未停止过寻求整合。对于我们人类的头脑来说，想要越过拆解的过程来充分理解一个统整的领域是极其困难的，可一旦拆分便会扭曲它的原貌。尽管如此，我们仍不得不想方设法来加以应对。

我曾提过，从特定的意识水平来看，现实并非分裂成对立两极的，而是合一的。但当我们试图找到一种达到这种意识水平的方法时，我们总是不可避免地在各种可能性之间做出选择。这是个令人束手无措的矛盾。

倘若仔细观察自己的经历，你会发现在分裂的背后存在另一个层面，它与在意识层面所看到的分裂是截然不同的。然后我们就得问：会不会是我们将二元表象从自己的意识投射到一个原本并非分裂的外在世界之中了呢？这是否意味着，假如学会了让我们的自我平息下来，我们便能发现一种完整合一的意识觉知？

我们所寻觅的是最初未被分裂的意识。答案显然不是解决问题，而是化解分裂。这便把我们带入了荣格所说的精神世界，它所遵循的法则与我们日常生活中二元对立的世界有所不同。自我无法建立"真实"，因为其自身的对立属性决定了它所呈现的也必然具有相对性。荣格认为，心灵的事件是建立在类精神的基础之上的，而类精神的基础通常被认为具有精神的特征。在这个领域中，人类的意识（辨别能力）与客观现实（合一）之间不存在冲突，它们相互融合在一起。这是发现祈祷本意的迂回方式吗？如果是这样的话，这个崇高的词已经远远偏离了其原本的意涵。

实际上，如果把浪费在忧心忡忡上的时间用来保持警醒和觉察的话，我们很快就会走出困境。通常，如果一位不堪重负、濒临崩溃的来访者进入咨询室，我会告诉他（她）："在接下来的这个小时里，我可以帮你减轻一半的负担，剩下的你要自己承担。"对大多数人来说，这似乎是一笔不错的交易。我所拿走的那一半是对过程的反抗，是对现状的抗拒。倘若你能不再挣扎，压力自然就减轻了一半。然后你就得努力处理剩下的另一半。当你不再与自己的困境相抗争时，虽然仍处于困境之中，但你却无须再费心争斗。通常来讲，我们对此都还可以忍受。停止抱怨的现状，如此一来，也就不再将自己禁锢在现实的牢笼之中。

练习：化解分裂视角

在你的生活中选择一组想要探索的对立两极，如工作与娱乐、爱与权力、职责与自觉等。拿出一张纸，在上面画一幅画，以此来代表你所选择的对立两极的一方。然后把纸翻过来，在另一面也画出一幅图画，代表相反的对立两极。不用在意画得好不好看，让你的手在纸上挥洒自如即可。如果你的自我意识功能过于强大，不妨尝试用非惯用手来作画。

现在，留意你生活中的对立两极是如何来面对彼此的，可以想象一下它们之间的互动。然后重新换一张纸，画出这两个人物或意象之间的互动，允许它们彼此交汇。两者的沟通可能是针锋相对，可能是旁敲侧击，也可能是泛泛而谈。继续在新的纸上画，不断推进对立两极之间的对话。你画中的内容可能会自发地发生些变化。

当一幅新的图画中出现整合时，你可以问问自己它代表了什么，并尝试觉察产生这个画面的内心状态，然后反思这个新的整合体将如何在你的现实生活中得以施展开来。

第十章

重返家园，初识桑梓

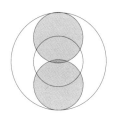

卡斯托尔和波吕克斯兄弟二人帮助伊阿宋夺回金羊毛的归途中，他们在风雨交加的大海上航行。就在这时，他们的船遭遇了狂风暴雨。船上所有人都陷入了绝望，认为必定要葬身于漆黑的大海之中。所有人都开始祈祷，俄耳甫斯（Orpheus）[1]也演奏起了他的七弦竖琴，这时暴风雨突然减弱了。据说卡斯托尔和波吕克斯二人的头顶上空出现了星芒，仿佛他们已经化为神明。

　　正是由于这一神迹，卡斯托尔和波吕克斯这对双子星座兄弟此后便被奉为航海者的守护神。众神赐福于兄弟二人，这或许是他们后来升入夜空成为神祇的预兆。古时的水手们每当看到闪烁的光芒时，都会呼唤卡斯托尔和波吕克斯二人的名字，在特定的大气条件下，这些光芒会以火焰的形式出现在船帆周围的桅杆上（这种现象也被称为圣艾尔摩之火，St. Elmo's fire）。在海上遭遇风暴时出现这

1　俄耳甫斯（Orpheus），古希腊神话人物。相传为色雷斯王埃阿格鲁斯（Oeagrus）同艺术九神之一、史诗的守护女神卡利娥珀（Calliope）所生。他善歌唱和奏七弦琴，能用弹唱施行法术，使听者（包括人、神和动植物）入幻，其主要事迹载于神话故事《金羊毛》中。——译者注

种神秘的光，被人们认为是吉祥之兆，因为它往往出现在惊涛骇浪即将消散的阶段。它的出现预示着卡斯托尔和波吕克斯二人的神灵即将现身，带来指引。

卡斯托尔和波吕克斯兄弟二人年少时便是英雄人物。到了晚年，又融入神性的特征。人们为这对双子星座孪生神祇建造了雕像和神庙，并将他们的形象雕刻在船上。事实上，使徒保罗在前往罗马的途中就曾乘坐这样一艘船从梅利塔岛（Melita）出发。《使徒行传》第28章11节中写道："过了三个月，我们乘亚历山大的船继续前行，那船是在岛上过的冬，以'宙斯双子神'为船头雕像。"

在一些古罗马钱币、古巴比伦界石和天象图上也印刻有这对双子星座神祇的图像。最近，作为人类太空探索进程中的重要一环，他们在人类历史上再次获得殊荣："双子星计划"将两位航天员送上了环绕地球轨道载人飞船。如同古代的阿尔戈英雄之旅一般，美国宇航员前往外太空进行探索，对我们人类在浩瀚宇宙中的位置有了更深刻的了解。

重新定位宇宙的中心

我们也可以将神圣的视角融入日常之生活。但要做到这一点，我们需要重新定位与考量。五百多年前，天文学家尼古拉斯·哥白尼（Nicolaus Copernicus）对地球是宇宙中心的观念提出了挑战。哥白尼与阐述了落体基本定律的意大利科学家伽利略·伽利莱（Galileo Galilei）一起证实了一种新的宇宙论。伽利略建造了一架望远镜，用它来研究月球的环形山地貌，通过大量细致的天文观察，他支持了哥白尼的学说。从心理学角度讲，如今不再将意识自我奉为个人现实的中心，这也是一种类似的"异端邪说"。当代社会为维持这一幻觉不惜付出任何荒唐的代价。然而，随着我们的发展和成熟，这一范式的可信度逐渐受到挑战。

西方世界发明了个人层面的"我"这一概念，而且西方语言的文法结构在很大程度上是以自我为中心的。虽然我们的宗教传承提供了另一个层面的表达，却已失效，因为宗教组织已然成了身份认同悖论的牺牲品，它们更关注体系、规章、制度，而不是将我们的生活重心重新导向在一个永恒不灭的核心上，更无法帮助我们获得超凡入圣的体验。

对于当代人来说，上帝是某个具体的人——往往是一位父亲，而祈祷就是试图与他相处的方式而已。科学的一个不言而喻的目的就是要让事物按照我们人类的意图来发展——改造这个，创造那个，排除异己。科学和技术已成为大势所趋，人们信奉的理念是直接告诉上帝要做什么——当然，用尚且礼貌的语言。但这仍是一种狭隘的视角。无论是世俗机构还是宗教组织，全都成为自我的结构体。我们正傲慢地竭力按照自己的形象来改造自然和上帝。

唯有舞蹈

诗人T. S. 艾略特在其《四首四重奏》中写道：

在转动不息的世界的静止点上，

既无生灵也无精魂；

但是不止也无动；

在这静止点上，只有舞蹈，

不停止也不移动，可别把它叫作固定不移，

过去和未来就在这里交汇。

无去无从，无升无降，只有这个点，这个静止点，

这里原不会有舞蹈，但这里有的只是舞蹈。[1]

　　诗人艾略特感知到了创世之舞，物理学家如今在亚原子粒子（物质与精神的终极统一体）的规律运动中也发现了这种舞蹈。艾略特的愿景在其晚年变得成熟，这一愿景是时间与空间的交汇，在那里，人们必须放下过去定义自己的所有思想和理论。他请求人们宽恕他一生中的所有善行和恶行。他所寻求的是一种全新的语言，它超越了以往语言的定义，超越了对立两极，是神秘主义者、圣贤和伟大艺术家们几个世纪以来所一直使用的语言。在所谓的原始社会中，则是通过舞蹈自发地表达出来。

　　当我们回顾自己的人生故事时，记忆会变得格外生动而富有意义。倘若坦诚地回顾人生，就会发现，我们有过多少行为和成就，彼时或许被我们视为美德和善举，却也不经意间造成了伤害。究竟

1　T. S. 艾略特，《烧毁的诺顿》（*Burnt Norton*），收录于《四首四重奏》（*Four Quartets*），1940年版权归T. S. 艾略特所有，1970年由埃斯梅·瓦莱丽·艾略特（Esme Valerie Eliot）续订，经哈考特公司许可转载。

228

有多少伤害和痛苦是以真善美的名义造成的呢?

对于这个因果世界的矛盾，答案只有一个：我们中那些愿意整合自身对立两极的人，或许有机会得以体验创世之舞。诗人对舞蹈的想象以及第一次对舞蹈有了清晰认识的想象，都是非常有力的。此处，我又回到了本书序言中所提到的艾略特的诗句：

我们不应该停止探索

而所有探索的尽头

都将是我们出发的起点，

这是生平第一次真正认识它。

我们看到生命环绕着中心的静止点在螺旋中运动。从出生到死亡不再是一条笔直的路径，相反，我们或许可以将生命看作创世黑暗中的一系列形态或舞蹈。我们可以接近荣格所说的生命的核心奥秘。在辨识出自我与更伟大的原我之后，我们会有意识地进入舞蹈之中。

实现死亡

荣格认为，我们每个人都必须完成死亡。

拥有目标和追求的人生远比漫无目的的生存更健康，也更为丰富多彩，而死亡是我们人生在世的自然归宿。逃避这一必然归宿会使生命之旅的后半程黯然失色。对自己的生命无法释怀的垂死之人，就像无法真正拥抱生活的年轻人一样神经质和困顿不安。在许多情况下，这两种人都表现出同样幼稚的贪婪、恐惧、抗拒和任性。这就是为何所有将死亡视为过渡的宗教都能促进心理和精神上的健康。自古以来，人们就认为有必要相信生命在死后是得以延续的，而在梦以及象征作品中出现的诸多意象也表明了灵魂并不会随着肉体的死亡而终结。

大学会教给年轻人关于世界的知识，这对人的前半生来说至关重要。与此类似，我们也应该为四五十岁乃至六十岁的人设立大学，帮助他们做好准备，去迎接自己后半生的挑战，比如老年、死亡和永生。

据说，圣方济各[1]在弥留之际，他的修士兄弟们围在他身边，他请求众人帮他脱掉衣服，这样他就可以毫无阻碍地去见造物主了，修士们欣然应允了。后来他又请求说："请让我躺在地板上，因为我想离母亲更近一些。"他的临终前的遗言是："主啊，你造就了我，所以请带我离开吧。"我从这个故事中得到了些许宽慰。

若干年后，我们每个人终将面临谢幕，死亡是人生不可避免的归宿。如果我们仅仅将死亡看作生命的终结，那么这样的理解是不充分的。另一方面，如果我们认为自己可以长生不老，这也是错误的。我们终究会死，同时我们亦能永生。在西方社会，我们会将"我"视作一个独立的个体，而开悟（enlightenment）则势必要将个人的独特性发挥到极致。与此同时，东方人会把"开悟"称

1　圣方济各（San Francesco di Assisi, 1182—1226，又称"圣弗朗西斯科"），天主教方济各会和方济各女修会的创始人。——译者注

为"放下我执"。如果你请教一位印度大师关于人死后是否会继续存在的问题，他（她）很可能会回答："一颗露珠落回大海后，它还会存在吗？"当你绞尽脑汁思考这个问题时，大师已经去喝下午茶了。露珠当然还存在，只不过它不再是露珠了。真正开悟之人必有慈悲之心，这意味着他（她）能够意识到其他芸芸众生的存在，并愿意花费精力来教导和帮助他人，这无疑平息了"无我"带来的恐惧。

我们大多数人一想到死亡就会胆战心惊，全然忘记了每当一种经历降临时，它的反面也总是近在咫尺。死亡与狂喜体验总是形影不离的。狂喜（ecstasy）一词来自希腊语，原意是"站在自身之外"。意识自我会对这种癫狂的体验产生恐惧，会想："上帝救救我吧！"狂喜体验从来不是有意识的，它发生在意识之外。当狂喜即将出现时，自我会试图尽快扑灭它。当我们陷入巨大的痛苦时，可以肯定，上帝离我们太近了，让人无法安心。

随着智慧越多，我们就越能认识到，到头来，我们对真正的自己知之甚少。荣格写道："年岁越大，我对自己的了解和洞察力就越少。"我们不再用自己不是什么来定义自己，而是感受到自己与万物的合一。我们开始感觉到自己与所有人和事物的联结，开始领会"我的存在"是以上帝之名这一意义。这一成就并不是我们在中年时所经历的对立转化。相反，这意味着对看似对立的生活态度的合一意识的觉醒。我们开始获取新的视野，在一切事物中发现上帝的舞蹈。这种舞蹈在你、我，以及人格化的世界的每一个细节中的表现形式都各不相同。这便是神圣与合一。

在本书的每一个议题上，我都试图指出人类的意识是如何与每一个选择背后所未曾触及体验的反面纠缠不清的。扼杀生命中未曾体验的那些部分，这是行不通的，那是前哥白尼时代的痴人说梦（只要做个好人，选择做"正确"的事情，你就能上天堂）。因为这样一来，那些"错误"的事情就会变成无意识的、未竟的体验，会回来恐吓我们。在我们追求支配和控制的过程中，又有哪些是被摒弃的、未被实现而最终又重回到我们社会中的呢？仅举一例，我们最伟大的发现——原子能，现在已经变成了我们最大的危险。极具讽刺意味的是，那些恐怖分子或唯恐天下不乱的国家很可能会获得原子能，并用它来毁灭我们。

在这个关键的历史转折点上，我们必须学会去过自己的未竟人生。我们必须为那些未得到充分发展的、被否定的和被摒弃的东西找到一席之地。我们必须把那些未经历过的部分纳入整体之中，因为事实证明，我们以自我为中心的立场毕竟不是宇宙的中心，那些错失的部分中有值得我们学习的东西。

前哥白尼时代的人会说："你看，太阳从早晨升起，这是显而易见的。你是白痴吗？谁都看得出来。地球就是宇宙的中心。"但哥白尼对此持有异议。究竟什么才是真实的？ 如果你查一下"真实"（real）这个词的来源，就会发现它源于"王权"（royal）一词。换句话说，就是国王（或掌权者）说什么就是什么。我们也许希望现实若是这么简单就好了，但那样的日子已经一去不复返了。

如今，我们从量子物理学中了解到，所谓"真实"只是相对而言的，而且观察过程总是会涉及与观察者的互动维度。尽管如此，日常的现实世界依然固守着旧范式的偏见，认定真实的就是通过我们自己微不足道的感知工具所能感知到的东西。诚然，我们必须维护和尊重以自我为中心的态度，那是现实的冰山一角，但那些没有被纳入的零光片羽，那些不符合既定范式的方面呢？我们不能无视地心引力的影响，也不能无视现实中我们赖以生存的法律法规（比如在道路某一侧规范行驶），但我们必须承认，它们只是局部的，不足以解释整体。这就要求我们持有谦卑的心态，放弃绝对的确定性。

如何处理这些混乱？

我再次重申：在我们人类的世界中，任何事物的存在都离不开它的对立面。

我曾经设计并制作了一种特殊的古钢琴，这是一种非常奇特的乐器，叫作"爱之钢琴"。17世纪或18世纪，这种精美的乐器在音乐界曾一度享有很高的地位，却没有一件能得以幸存并流传至今。我只能在一篇晦涩难懂的研究文献中找到一段描述这种乐器构造的文字，后面还有很长的段落来赞美其动人心弦的音色。

整整两个冬季，我把所有空闲时间都花在设计和制作这件乐器上，最终完成了一件精美绝伦的艺术品。在这个过程中，我每天都会一再经历这种二元对立：在成堆的木屑中翻来覆去，整日与胶水罐和一堆乱七八糟的木头、金属配件为伴。胶水是用旧马皮调和而成的，非常适合用来做镶嵌活儿。马皮胶是怎么做出来的呢？首先要剥下一匹老马的皮，煮上一个星期，然后撇去脂肪，熬至适当的稠度，所剩何物？一团糨糊。这就是我在探寻爱之钢琴的悦耳音调时学到的一课，而它或许是人类有史以来最细腻、最典雅的音色了。

那我们每天从事的活动所造成的混乱该怎么办呢？那匹可怜的老马呢？一团糟！在追求真善美的过程中，我们该如何面对这一不可避免的现实处境？

除深入探讨这个被集体所禁止的话题外，别无他法。虽然听上去有点儿粗俗，但不得不说，我们的阴影和我们的粪便有着惊人的相似之处。创造或选择那些美好的事物，其实就是从各色各样的事物中提取出我们认为有价值的东西。炼金术士称这些事物为"原初物质（prima materia）"，即万物演化的原始材料。我们会食用天然食品，从中提取对我们有用的东西，然后将剩余的部分排泄出去。

在所有生物中，对美好事物（善）情有独钟的似乎唯有人类，至少鲜有其他生物如此。其余生物似乎满足于接受现状，或者至少会遵循本能的正确处事方式。相反，人类却很不容易满足，总是力图改善我们所接触到的一切。回到我自己的例子，改进木头、胶水、金属和清漆这些事物的状态，使其变得更好，最终获得的结果也非同凡响——制作出一架能弹奏出美妙音乐的古钢琴。但如果我们忽略了这一过程中所造成的混乱，我们就会面临严重的危险。我们今天所处的这个世界也是如此，我们的现实生活似乎一团糟。

基督教时代在西方文明世界叱咤风云数百年，如今却逐渐沦为自欺欺人的伎俩，让自己相信根本没有混乱这东西，或者至少是欲盖弥彰，假装混乱并不存在。在我们的日常文化生活中，太多时候我们都在装模作样，例如，假装自己运动后不会大汗淋漓、不会头屑乱飞、不会一身臭汗味，也不会一直上厕所。更有甚者，我们甚至都无法容忍自己直接说出"厕所"这个词。"厕所"这个地方现在被各种词语来替代：卫生间、洗手间、盥洗室、休息室、WC……我们是真的十分不情愿面对自己的粪便。

不敢赋予我们的性本能以其应有的尊严，这比厕所带给我们的不安还要糟糕得多。现在的基督教已然背离了其最基本的教义——基督（人的原型）是人神一体的，往返于尘世与天界之间。有很多基础神学都关注这一事实，而异端一词的原意是"失去平衡"——过分夸大这一基本平衡中的某一方。贬低人性、世俗的一面就是违背基督教的核心教义。然而，今天许多教会的态度却是，我们的肉体是应该被否定的、被贬低的，应该尽可能地将其置于人类功能最微不足道的位置上。

何以至此？

一种可能是，一直延续到中世纪的古代人都沉浸在物质世界之中，他们迫切需要从这种片面的立场转向向往中的，人与神、俗世与天堂的二元悖论中——这是基督教最深刻的教义。中世纪的人们生活在一个由众多仪式和准则所构成的庞大体系当中，从而使他们远离过于世俗而精神不足的异端立场。古老的社会保护人们不与神灵直接接触，也许是因为他们知道只有少数人才能承受神灵幻象的冲击。传统宗教仪式中的大部分内容是为了保护人们远离那些他们所无法承受的精神性体验。萨满或祭司，他们是两个世界之间的媒介，这很好地满足了古代人们的需求。但是，现代人在这一过程中走过了头，他们把世俗、肉体以及性降到了次要的地位。像中世纪的人们一样，我们也需要去平衡，但我们所追求的却是与之完全相反。今天，性和情爱试图承担起我们与自然界失去联系的重担，却尚未与超验世界建立起必要的联结。

无论在东方还是在西方，我们的许多宗教戒律都是为了应对失衡而设计的，然而这种不平衡与我们当前的需求截然相反。事实上，对于每一个个体当下的真实需求，我们无法一概而论。有的人可能仍然需要从凡人卡斯托尔的笨拙、鲁莽中解脱出来；而有的人则需要从过度理想化、理论化的波吕克斯心态中重拾自己的踏实感，否则他的生活会完全脱离人类的现实根基。现在，我们所引用的启发性故事，其重要性变得越发明晰：我们必须学会将自身天性中的世俗（卡斯托尔）和精神性（波吕克斯）这两部分整合起来，形成新的统一整体。但该怎么做呢？

众口难调

"彼之砒霜，吾之蜜糖"，这句古老的谚语再合适不过了。如果有个人溺水了，不要想着把一桶水泼在他的脸上来抢救他；与此同时，可能正有另一人因缺水而奄奄一息，他不需要更多的戒律和抽象概念，仅仅是一瓢水就足够了。

遗憾的是，要找到圆满合一的体验，并没有简单易行的秘诀。显而易见，首先要意识到你自己身上的问题。你的生活是过于充实忙碌还是过于枯燥乏味呢？你是否过分克制，乃至到了毫无生气的地步，是不是需要从曾被弃如草芥的未竟体验中寻回一部分呢？你与世俗之间的联系是否过于紧密，以至于排斥了内在富有创意的波吕克斯天性呢？具备了这样的洞察力，你就离实现自身的圆满（神性）不远了。

要成为一个完整的人，你务必要从当下开始，哪怕是在临终前半小时才幡然醒悟。你无须每一步都不遗余力，你要做的就是让自己的无意识意识化。你必须学会体验自己未竟的人生。向另一个人大声说出来——这是古老的忏悔习俗，就足以赎罪了。当然，从道德上讲，对外在现实生活中进行力所能及的修补，这完全正确；但从心理意义上讲，唯一的要求是你要保持觉知，将内在的对立两极重新整合在一起。如前所述，我指的不是无差别的浑然一体，而是你与其他一切事物之间独特而真实的关系。通过处理生活中的具体问题，而不是试图回避或脱离它们，你会变得更加完整。你目前的处境究竟如何呢？

真正的忏悔是一次小小的受难，也是一次直面曾被分裂的对立两极的机会。在意识实现整合之前，你无法"做"任何事。在这种整合之前，想要收拾自己的烂摊子，几乎总是会越弄越糟。此时大多数的"做"只是徒劳。

倘若要避免此种僵局，我们必须更新一个观念；天国的疆域也包括了世俗凡间。因为天界并非指的是彼时他处，而是此时此地；卡斯托尔化身为神的过程必须在此时此地完成。

人至暮年

我们前面谈到了人到中年所面临的诸多问题和挑战，但人在年华垂暮之时是否也会发生一些巨大的转变呢？我们说一个人正在衰老，所指的既是那些被无情岁月强行拖拽着进入生命终点的人，也是那些虽日薄桑榆却仍持续不断地学习精进、积蓄智慧的人。

步入暮年，我们的视听感官开始衰退，我们的身体功能逐渐衰弱，我们的行动能力可能也会受到限制甚至丧失殆尽。我们的身体开始变得力不从心、躁动不安、易感疲乏、蛮横霸道。我们可能会越发频繁地往返于各种医疗机构和医护人员之间。身体的生理机能会成为我们日常生活关注的焦点。

我们是要选择与这一禁锢过程拼命抗争，还是试着以谦卑之心来从中学习呢？正如一位八旬老人最近对我说的那样："在人生的暮年，我选择了从中学习这一生活态度。这不是内疚或遗憾，而更多的是一种觉醒，是一种对勇气和悦纳之心的深刻领悟。这也是我多年来在其他不断老去的人身上所看到的。"

奇怪的是，与大多数人相比，我以某种方式成功延缓了自身的衰老。也许这是因为我很早就拥有了一些老态：童年时经历车祸以致身体残疾、濒临死亡的经历、离异家庭中的独生子、由祖母抚养长大——这些经历往往会剥夺一个人本该轻松自在的青春时光，并在很早的时候就面临一些老年的因素。

尽管如此，到了85岁的时候，我身上仍有一些非凡的能力，也有一些极其严重的缺陷。那年年初，我还主要靠自己身上永恒少年的能量来运作，但到了年底，我便出现了严重的老年症状，只能一瘸一拐地走来走去。这令我感到十分痛苦，但同时也带来了一些新的能力，这无疑亦是一份真实的欣喜。

我在85岁那年做过一个梦，它清晰地勾勒出了这一转变。

"我梦见自己在另一个世界中醒来，那是一个对我来说完全陌生的世界。那情景就像是突然切换到了'来世'一样。这个词经常出现在我的浸礼会祖母虔诚的祷告词中，往往伴随着金色战车、长着翅膀的天使、金色的街道、神圣的唱诗班和弹着可爱竖琴的小天使的形象。我带着对天堂的憧憬长大成人，并为它许诺的幸福付出了沉重的代价。我成年后的现实生活与梦中的这个金色主题大相径庭，将我拽入了一幅完全不同的画面中。85岁时的梦境中，我置身于一栋朴素甚至简陋的、完全由褐色土坯建造而成的房子里。房子是土造的，墙面歪歪扭扭，没有一条直线。只有寥寥数人和我在一起，他们都身着棕色长袍，站在一旁，不知道自己是谁，也不知道该做什么。我来到这个新世界时，起初也是一脸茫然，但震惊之余，我知道自己必须从这团未知的阴霾中走出来。我使出了浑身解数来摆脱这种茫然无措的困境，突然间我意识到自己到底是谁，知道我要对自己的处境负责。我从一个人走到另一个人，每个人都像我之前那样茫然。我成功地唤醒了每个人的自我意识。"

"这让我感到十分欣喜，也让我看到了我们所在之处的美丽与庄严。然后，我离开了这群人，在许多房间里漫步，发现了意想不到的美景，感到心满意足。房屋建筑材料和我们的衣服都是土褐色的。但也并非完全没有金色。里里外外到处都是灿烂的金色阳光，却没有明显的光源。一切事物似乎都散发出光芒和力量。这个梦没有尽头，它让我探索这个褐色和金色光芒四射的世界。"

我接受过相关的专业训练，知道梦通常会提供一些新的信息，或者纠正一个人内心深处不知不觉携带的一些错误观念。从这个角度来看，我认为这个梦是在为我进入另一个意识层面做准备，让我摆脱祖母那样的多愁善感，帮我纠正对天堂的误解。梦中执着于褐色（简洁自然）、没有夸张的装饰、没有任何直线（直线是父权制、宗法文化的象征），这些都是我所需要的元素，可以治愈天堂幻想的片面性。

发现真正的天堂

每一种文化中都有形形色色热衷于描绘天堂或黄金时代的神话。所有的创世神话也都叙述了天堂的失落，即从合一的意识状态堕落到我们当代人称之为神经症的分裂之中。其实并不存在文字所描绘的那般天堂之境，但这并不能抹杀天国乐土的概念。有两种意义上的天堂：一种是伊甸园，即卡斯托尔和波吕克斯获得意识后所离开的那个鸿蒙一体的世界。其实没有人能重新回到那个黄金时代。试图这样做是一种退行，会对我们的人格（和社会）造成伤害。

对于青少年群体来说，原初天堂的吸引力尤为强烈（任何年龄段的人都有可能以青春期的心态来思考）。成长至青春期，一方面，我们会被召唤迈向一个新的意识层次；但与此同时，我们内心的某些东西又渴望回到过去，回到"曾经的美好时光"，回到那纯真、简单以及全能的失乐园中去。这种怀旧情绪会在人生的不同阶段向我们唱起罗蕾莱之歌[1]。倘若你让自己屈服于这种诱惑，退回到幼稚的天堂之中，而不是从你的经历和文化现实中汲取力量，这便是一种退行。这种退行会产生许多生理和心理问题。

要真正地了解天堂，不妨想想意识的不同层次：如果你能够把天堂放在适当的层面上来理解，你完全有机会体验到天国乐土。另一种形式或另一种概念的天堂便是威廉·布莱克所说的"天堂耶路撒冷"。孩提时代，我们生活在伊甸园，随后，在经历分化的过程中逐渐丧失了这种整体性。你不能恣意退行（因为意识会持续地流动和变化），但你可以选择成长。在语言范围内中，我们很难解释那些真正超越语言的以及在自我固有二元对立之外的东西。因此，我们必须使用一种意识可以理解的象征，比如从伊甸园的纯真、原初的鸿蒙状态发展到天堂耶路撒冷那般富有真知灼见的圆融状态。

归根结底，真正的天国只有一个，自始至终，我们从未失去，也未真正得到过。天堂无时无刻不在你手中。它不是彼时，不在他

1　罗蕾莱（Lorelei）是欧洲日耳曼民间文学中传说的女妖，其歌声使水手们受到诱惑而导致船毁沉没。——译者注

处，它并非另一种状态。你当下即拥有整个天堂，完全的、彻底的、你为此付出了代价的。你只需厘清自己的视野，就能看到它。

要发现真正的乐土，我们要从不同的意识角度看待现实。起初，这似乎让人失望。它不会在你赢得它的时候到来，而是在你能真正够承受它的时候方才现身。天堂的景象来得太快，会让人痛苦不堪。如果你为天堂的景象所触动，却没有与之建立真实的联结，也就是说，你没有与自己的神圣潜能建立互惠关系，那么天国乐土亦会变成地狱般的体验。

天堂的核心特征之一就是它可以超越时间的维度。时间上的停止并不意味着永恒。安息日的起源便是人们认识到，每周需要有一天时间来让自己从日常意识中抽离出来。意识到我们自身的时间观，这是迈向觉悟的关键一步。不妨试着问问你自己：我的生活是以什么时间为基准的？我们内心的幸福感往往与我们对时间的紧迫感此消彼长。

法国后印象派画家保罗·高更（Paul Gauguin）因自己在国内得不到认可，生活穷困而感到十分沮丧。因此，他乘船前往热带地区，以此来逃避欧洲文明以及"一切人为的、传统的东西"。（在此之前，他曾多次尝试去寻找一处热带天堂，在那里，他可以以捕鱼、摘果子为生，并以自己日益返璞归真的风格来作画。比如，他曾在马提尼克岛短暂停留，在巴拿马运河当过一段时间的工人。）1891 年，高更来到了太平洋上的塔希提岛，那里承载了他对天堂的无限向往，被他当作一剂良方，可以治愈他被19世纪欧洲所毒害的生活。当他抵达南太平洋时，他发现现实与自己的想象截然不同，那里充满了贫穷、饥饿和疾病。但通过不懈的探索，他找到了一个象征性的或内在的乐土，这就是他所画出的景象，他也因此为世人所铭记。

如果不偶尔体验一下天堂的滋味，那么生活将难以为继。卡斯托尔和波吕克斯合二为一的纯真乐园根植于我们内心之中，但我们都必须离开原始的伊甸园。如果你太执着于幼年的状态，你的发展就会终结。在人生的后半段，我们会充满对天国乐土的无尽幻想，而这本身就是阻碍我们发现天堂的最大障碍。

有时，心灵修习会被简单地理解为要我们断舍离，通过减少执着来减轻负担，但这是对伟大真理的根本性误解。要想提升自身的意识状态，我们确实需要舍弃，但不是简单地舍弃物欲，而是要放弃对二元对立的执着。认为物质世界与其他"更高级"的存在是彼此分离的，这种观念本身就是二元对立的错误。现实本身并不是二元对立的，尽管我们目前的意识水平是这样来理解的。

如果一个人可以将对立两极进行整合，他就不会像其他人那样受制于对立的两极。一位真正意义上的开悟之人不会那么局限和片面，一般也不会是什么所谓的专家。然而，从我们通常的自我状态过渡到天堂意识的过程中充满了危险。有一种情况经常发生，意识自我会假装放弃，然后试图趁机同化更高层面的原我，最后你会发现自己变得十分膨胀。有人说，达到开悟所需的教诲中，有95%都是在建立一个能够经受住考验的架构，而实现人间乐土几乎是事后才有的想法。显而易见，你务必要警惕的是，避免自我膨胀。对古人来说，想要无所不知——想成为神，这是致命的欲望。

你可以从许多所谓的圣贤大德身上看到这一点,他们或许曾经瞥见极乐世界的浮光掠影,随后就利用它来获得权力,发展自己的信徒,大肆敛财,胡作非为。论及真正的转化,天堂意识是不可能被同化的,它会同化你。

沦落到这一步的那些人,他们会使用最匪夷所思的借口来否认自己的狭隘与局限。选择的本质,亦即这个自我中心世界的特征,在于有所偏好。我们通过与这些无休止的对立两极进行斗争来定义自己。

我们谈论如何到达"彼岸",而事实上,我们无处可去。佛教认为,现实是一体的,绝非二元对立。凡心和佛心皆是一体的。基督徒在每个星期日,间或昏昏欲睡地颂念"我信唯一的上帝,全能的圣父,创造天地的主"时,也证明了这一点。这意味着上帝是一体的,而不是二元的。换句话说,生活中所有外在的矛盾都能迎刃而解,前提是不再让意识自我成为宇宙中心。

犹大福音书

据说耶稣曾对犹大说:"你将超过他们所有人(耶稣其他门徒),因为你将献祭我的这个肉身。"

我曾批评过现有的宗教机构无法满足现代人类的精神需求,也未能看到其教义更深层的内涵。关于神的一切概念必然都是对超越认知的神秘性和整体性的隐喻和象征。正是荣格唤醒了我,让我认识到,教会的说法其实具有其正确的意涵,即基督教是西方人类精神世界的有力写照，是通往内心道路的重要指引。荣格自己也承认，他从未完全从自己身为牧师的父亲所带来的创伤中恢复过来，但荣格的著作仍然是帮助我以全新的方式来理解基督教教义的一把钥匙。

荣格认为，基督教正统思想中存在一项根本的矛盾，即它完全排斥人类的阴暗面。最近重新发现的《犹大福音书》（*Judas Codex*）是一部创作于公元2世纪，却被埋藏已久的著作。与其他一系列福音书一样，它必将被纳入教会官方正典之中。这本书提供了一种有助于我们摆脱矛盾的观点。

教会肩负着一项十分艰巨的责任，要满足其广泛的教众中各种不同水平的意识需要，这一点让我针对教会教义的批评有所缓和。我发现，历史上教会所要教化的主要有三种意识层次，每一种都与其他意识层次大相径庭，以至于把它们都纳入同一套教义中是令人难以置信的。

第一层意识涉及的是那些比较朴实、大多数是文盲的人群。针对他们，最好的教育方式便是律法和权威；第二个层次是我们现在的情况，人们有自己的独立思想，要求自由和民主，这是上帝赋予人类的权利；第三个层次才初露端倪，主张自我意识并不足以管理习俗和政府事务。

在这些不同需求的矛盾面前，教会显得捉襟见肘，这有什么可奇怪的呢？

前两个层面的意识急需律法和秩序来保障其安全。到此为止，这些部分相对还算是容易提供的。完善的教规、避开矛盾以及明确的指导原则是至关重要的。基督教会（这同样适用于其他主要的宗教机构）建立了一套不容置疑的是非、对错观体系。要做到这一点，最好的办法就是英雄与反派泾渭分明的神话：从上帝与魔鬼、耶稣与犹大，到牛仔英雄与恶棍、卢克·天行者与邪恶皇帝[1]，以及当今电影神话中最新潮的善恶二元论。

在这样的神话故事中需要有一位叛徒的角色，而犹大恰恰就是这位叛徒。时至今日，这种英雄与恶魔之间的二元对立关系仍在天主教徒与新教徒、犹太教徒与非犹太教徒、共和党人与民主党人、雅皮士与嬉皮士、自家家人与恼人的邻居之间不断上演着。

往好的方面想，这种对立两极的碰撞能够赋予科学以辨别力；往坏的方面想，它会将我们陷于持续不断的战火之中——从国际政治局势到我们自己的个人神经症行为。显然，人类无法在这种永恒的冲突中存活太久，但要解决这一问题，就必须在基本态度上做出彻头彻尾的改变，我们能否及时实现这种巨大的转变，从而避免世界末日（这个词的原意是新价值观的崛起，而不是旧价值观的崩溃）的来临，不得不令人质疑。

在神话或宗教层面上，一种可能性是将犹大从反派重塑为英雄。这正是《犹大福音书》所讲述的内容！在羊皮纸上记录了耶稣和犹大的一段对话，耶稣告诉犹大，一定要将他（耶稣）钉死在十字架上，这样才能实现神圣的救赎。耶稣接着说，犹大会因为这样

---

1 卢克·天行者与邪恶皇帝皆是《星球大战》系列电影的重要角色。卢克·天行者是整部系列剧的男主人公，是正义的化身；邪恶皇帝是剧中最大的反派人物，是邪恶力量的化身。——译者注

做而成为十二门徒中最优秀或最伟大的那一位。

天哪，这究竟想要告诉我们什么呢？

神圣之路难道是将受难这一灾患提升到救赎的高度吗？是让反派成为英雄？是让坏人成为失败好人的救星？神学家们自然会对这本福音书的史实进行辩论，而我们所关注的是它在这一特定历史时刻出现的心理意义。

荣格在论述神经症式冲突向神圣悖论转化时，明确提出了这一点。使用不同的术语可能会有所帮助，但事实是，我们所珍视的大多数善恶是非观念都将面临灭顶之灾。另一种说明的方式是利用我们历史上早已发生过的一件史实来类比——哥白尼因为质疑地心说，提出日心说而触怒了教廷权威。哥白尼在历史层面上取得了胜利，但我们这些骄傲自大的现代人还没有开始进行类似的革命，仍然将自我（意识的组织原则）置于比原我（一种囊括我们体验过和未体验过的部分、意识和无意识的组织原则）更为核心的地位来理解。

荣格写道："现代人通过一个分隔系统来保护自己，避免看到自己分裂的状态。外在生活和他自身行为的某些方面，就像被放在单独的抽屉里一样，从来没有遇到过对方……可悲的是，人的真实生活由一系列不可避免的对立两极组成——昼与夜、生与死、善与恶、幸福与痛苦……生活就是一个战场，如果不是这样，生命就会终结。"

荣格在自己生命即将结束时写下过一段话："正如所有的能量都来自对立，心灵也有其内在的极性，这是其生命力不可或缺的先决条件……无论在理论上还是在实践中，极性都是所有生物所固有的。与这种压倒一切的力量相对立的是自我脆弱的统一性。自我之所以可能存在，似乎是因为所有对立两极都在寻求一种平衡状态。"[1]

我们的语言支配着诸多思维，除了对立两极的博弈，它什么也想象不出来。从好的方面来说，这会给我们带来快乐、舞蹈、戏剧和悖论；从坏的方面来说，它会导致怀疑、焦虑、内疚以及矛盾。我们现代人似乎越来越陷入哈姆雷特式状态，为选择"存在还是毁灭"而痛苦不堪。

那么，是否只要我们选择停留在人类层面，我们就注定要生活在被双重选择撕扯的无尽痛苦之中？沃尔夫冈·泡利（Wolfgang Pauli，著名科学家，在现代物理学的发展中，他可以说是仅次于爱因斯坦的著名科学家）曾经说过："如果没有对立两极，我的意识就无法存在。因此，对我来说，超越意识的统一体永远是神圣的。"

重返家园

许多年前，我在印度生活时，一位老瑜伽士对我说："在你离开这个世界之前，你将化身为各种可能的生命形式。"这似乎意味着我将成为富人、穷人、圣人以及罪人。会有各种化身前来教导我

---

1 C. G. 荣格，《回忆、梦与思考》（*Memories, Dreams, Reflections*）。

人类可能经历的一切。随后，他停顿了许久，等待着我把这句话的深刻含义牢牢记在脑子里。然后，他指着我说："你的所有化身都是同时存在的。"又是一阵停顿。接着他又说："同时以各种形式出现的就是神。"停顿了一下，他直视着我的眼睛，说了一句让我震惊的话："而那就是你！"接着，他就离开了。从那一刻起，我便脱胎换骨了。

轮回转世的概念是处理未竟人生的一种玄幻方式。单从字面上理解，这似乎意味着只要假以时日，我们会重新投胎为不同的人甚至动物。这其实是意识自我对身份的执着。彻底的写实主义必定是偶像崇拜的一种形式，而偶像通常就是我们的意识自我。自我无法想象自己的转变，因此会拘泥于表面文字。这样一来，鲜活灵动的奥义就被降格为具体的概念和信条，而不是亲身体验。从心理学的角度来理解，轮回指的是我们对未曾触及生命的救赎，是务必在我们实现精神性（合一）之前释放我们所有的潜能。人的内心有成千上万种潜能，所有这些潜能都在同时呼唤着我们去表达和体验。这就是轮回对现代人的意义。我们所有的潜能都想化身为人，都想在我们重归完整这一旅程结束之前得以展现。所有这些潜能都在同时争夺我们的注意力。轮回并非发生在彼时，也非他处，更不是另一种生命形式，而是此时此地。在适当的层面上来理解，我们同时处于我们所有的化身之中。我们便是神圣意识的体现。

然而，这种对天堂的领悟几乎总是被意识自我视为一场彻底的灾难。我们有成千上万种方法可以设法躲避觉悟的可能性。对大多数人来说，神秘世界实在是太难以置信了。但如果你知道自己在做什么——那便是非同凡响。

有一个关键问题：开悟之后你会做些什么？

令人惊讶的是，圣贤们已经指出，开悟之后你所做的与你之前所做的并无二致，只不过现在你知道自己在做什么了。你的所作所为是为存在服务的。更高层面的原我置身于背景之中，像探照灯一样照亮你所做的一切。任何事情透过你的自我去看待，都将会是无法调和的对立两极，这只会让你疲惫不堪。但是，用开悟之眼来看待同样的情况，却可以将其视为上帝创造性游戏的一部分。

正如佛祖教诲我们的那样：开悟前，砍柴、挑水；开悟后，依然是砍柴、挑水。

花不语，悄然绽放

柴山全庆，一位来自东方的禅师，在他的诗中阐释了觉醒的意识状态：

花不语

一朵花悄然绽放，

随后悄然凋谢；

然而此时此刻，在这个地方，

花的世界，整个世界都在绽放。

这就是花的言语，

永恒生命的光辉，

在这里尽情绽放。[1]

我们生活在一个日益焦虑的时代，一个新黎明到来之前的黑夜。正如一位睿智年长的印度导师曾试图教导我们的那样，所有可能的化身都在我们心中——这是来自未竟人生的呼唤，但我们知道如何回应吗？只有当我们学会放下我们一贯的反应模式，停止捍卫片面、过往的身份认同，并向未知事物敞开心扉时，我们方能做出恰当的回应。

我们生活在一个分裂和两极分化的时代，然而古人却谆谆告诫我们，中庸之道是绝佳的选择。这并不意味着息事宁人式的妥协，而是一种合一的智慧。生活中充满了矛盾和张力，然而，如果我们能学会与这种张力共处，而不是强求片面的解决方法，我们就有可能获得完整而神圣的体验。这不一定是一场灾难，它可以将我们的意识水平转化到更深的层次——倘若我们能向内看的话。

在社会环境的驱使之下，我们想要在这个世界上获得属于自己的一席之地，取得成功；在行使权力的过程中，在充满悖论和神秘的宇宙中，我们渴望确定性，我们不愿面对自己的阴影，不愿质疑自己的预设。我们很容易就把"坏"投射给我们的邻居，无论他们是近在咫尺抑或是远隔重洋；我们倾向于顾及现实当中的"别人"，而不愿面对自己内心中的"他者"。

1　柴山全庆，《花不语：禅室随笔》（*A Flower Does Not Talk：Zen Essays*，佛蒙特州拉特兰，日本东京：塔特尔出版社，1970年）。经塔特尔出版公司授权转载。

不妨问一问自己下面这几个问题：要进行下一阶段的旅程，我需要些什么？我是否允许自己探索新的路径呢？恐惧感是如何让我变得逆来顺受，将我束缚在陈旧的生存方式之上的？我是安于一成不变的个性，还是准备好发展出新的思考和感受方式？我能否调动必要的能量来开发自己尚未实现的潜能呢？活出自己的未竟人生，就从今天开始，从你开始。

吉尔伯特·默里（Gilbert Murray）是一位希腊古典文学的学者和翻译家，他的文字令我深有感触。他写道："要为更崇高、更永恒的事物而活。这样，当生命悲剧的无常与易逝最终向你袭来时，你就会感到，你为之而活的事物并不会随之灰飞烟灭。"

附 录

"未竟人生清单"

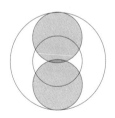

这项练习将帮助你整理出一份未竟人生清单。你既能看到你已经活出的特质，也能看到那些可能已经被抛弃或否决了的可能性，还有那些仍待实现的潜力。不妨试着寻找自己身上尚未实现或未充分展现的那些潜能。进行这项练习时，需要以一种反思、坦诚的方式将你的注意力放在过往的体验上，不要把它理想化，也不要妄加评判。只需要如其所是地回顾，把过去以及现在对你来说真实的内容呈现出来就可以了。

请仔细阅读每一项陈述，并花一些时间为自己做出一个真实的回答。然后，在最接近真实反应的方框上做个标记。不要考虑得分或结果情况，试着逐项认真思考清单上所陈述的内容。

答案由完全不同意到完全同意的一系列选项构成，具体如下：

DD-完全不同意

SD-部分不同意

SA-部分同意

DA-完全同意

外在生命（体验）

	DD	SD	SA	DA	得分
1. 我从自己的生活中得到满足。	☐	☐	☐	☐	☐
2. 与人相处时我感到自在。	☐	☐	☐	☐	☐
3. 新的情境对我是个挑战。	☐	☐	☐	☐*	☐
4. 我的工作并未充分发挥我的天赋才能。	☐	☐	☐	☐*	☐
5. 我对金钱持积极态度。	☐	☐	☐	☐	☐
6. 我并未有效利用自己的时间。	☐	☐	☐	☐*	☐
7. 我的体能很好。	☐	☐	☐	☐	☐
8. 我觉得责任太重了。	☐	☐	☐	☐*	☐
9. 我没有足够的闲暇时光来娱乐和放松。	☐	☐	☐	☐*	☐
10. 我通常能完成自己设定的目标。	☐	☐	☐	☐	☐

外在生命　总计： ☐

内在生命（体验）

	DD	SD	SA	DA	得分
1. 我喜欢自己这个人。	☐	☐	☐	☐	☐
2. 我和原生家庭关系良好。	☐	☐	☐	☐	☐
3. 我经常体验到困难的情绪状态（悲伤/焦虑/愤怒/压力）。	☐	☐	☐	☐*	☐
4. 我一个人的时候会觉得不自在。	☐	☐	☐	☐*	☐
5. 在照顾自己和照顾他人之间，我可以取得很好的平衡。	☐	☐	☐	☐	☐
6. 我觉得很难集中精力或清晰思考。	☐	☐	☐	☐*	☐

7. 我可以很好地向他人表露我的喜爱和情感。 ☐ ☐ ☐ ☐ ☐

8. 我对自己的人际关系很失望。 ☐ ☐ ☐ ☐* ☐

9. 我很难准确识别自己的情绪感受。 ☐ ☐ ☐ ☐* ☐

10. 我跟身体之间的联结良好。 ☐ ☐ ☐ ☐ ☐

内在生命　总计： ☐

更深层的生命（体验）

	DD	SD	SA	DA	得分
1. 我相信自己清楚什么对自己是最好的。	☐	☐	☐	☐	☐
2. 我拥有诸多渠道来表达我的创造力。	☐	☐	☐	☐	☐
3. 我对自己的无意识并不感兴趣。	☐	☐	☐	☐*	☐
4. 我通常很少听从直觉或内心的指引。	☐	☐	☐	☐*	☐
5. 我对自己的未来抱有积极的看法。	☐	☐	☐	☐	☐
6. 我几乎不曾留意过自己的梦境。	☐	☐	☐	☐*	☐
7. 我知道自己在不断成长和进步。	☐	☐	☐	☐	☐
8. 我不确定自己有自我疗愈的能力。	☐	☐	☐	☐*	☐
9. 我发现自己很难想象未曾体验过的经历。	☐	☐	☐	☐*	☐
10. 我经常觉得自己和大自然有着深刻的联结。	☐	☐	☐	☐	☐

更深层的生命　总计： ☐

精神性生命（体验）

DD　SD　SA　DA　得分

1. 我意识到有着更广阔力量（神/生命力/法/
道）的存在。 ☐ ☐ ☐ ☐ ☐

2. 我努力践行对他人的爱和慈悲。 □ □ □ □ □

3. 我不确定精神性对我是否重要。 □ □ □ □* □

4. 我不认为人除了活着还有更高的目标。 □ □ □ □* □

5. 我希望自己的生命能给世界带来积极的
影响。 □ □ □ □ □

6. 我没有进行规律性的精神性修习（冥想/
静观/祈祷）。 □ □ □ □* □

7. 我会花时间做些让我的思想和情绪平静下
来的活动。 □ □ □ □ □

8. 我很容易困在肤浅的行动或担忧中而无法
自拔。 □ □ □ □* □

9. 我很少反思自己生命体验的意义。 □ □ □ □* □

10. 做重大决定时，我就会遵循精神性的
"指引"。 □ □ □ □ □

精神性生命　总计： □

问卷计分方式：

第1、2、5、7、10题（未标*）从不同意到同意，分别计0、1、
2、3分；

第3、4、6、8、9题（标*）从不同意到同意，分别计3、2、1、
0分。

把每部分的得分加起来，并把总数填写在下面的方框中。

外在生命（体验）得分	
内在生命（体验）得分	
更深层的生命（体验）得分	
精神性生命（体验）得分	
总分	

问卷解释

外在生命（体验）是指外在经历和外在活动的维度——你如何有效、自如地处理你人生中所"做"的事情。

内在生命（体验）是指你心理自我的主观体验维度——你对自己的感觉、你的自信以及你的人际关系情况。

更深层的生命（体验）主要聚焦于直觉和创造性体验的维度——你是如何定位自己与那些似乎超出意识控制的体验之间的关系。

精神性生命（体验）指的是更为广阔的原我维度，是与精神性的超个人联结——你如何定位自己与精神性、核心价值观以及志向之间的关系。

每一部分的得分都是你在该维度上的潜能所实现或达成的情况。

你在"人生清单"问卷所得的总分（满分为120分）体现了你目前生命体验的发展程度和满意度。

如果有任何一个部分的得分在15分及以下，表明你在生命的这一领域有重要的未实现或未开发的潜能。心理健康的衡量标准之一是体验不同类型的意识以及在不同状态（维度）间进行切换的能力。

得分可以帮你看到你对自己的哪些方面可能存在过度或不充分的认同。举例来说，也许你对自己的外在生命维度，也就是自我表层的体验非常舒适自在，但是，一旦要转向内在体验（这个领域对于感受和人际关系至关重要），你就开始体验到焦虑。又或者，也许你在精神性维度的得分很高，但涉及付账单、维持外在生活运作时却困难重重。极具精神性的人有时候会迷失在超个人体验领域之中。

更深层的生命维度是对于非个体性象征层面的认知。它在意识之外，是你身体和心理整合的基础，如果你在这一维度的得分较低，请重新回顾一遍问卷上的问题，认真思考一下，从过往经验中形成的核心信念现在是如何束缚住你的。为了让自己有更多选择的可能，不妨在做下一个决定时听听自己的直觉，或者是试着记下某个梦境来换位思考。

你可以通过这个问卷框架——外在、内在、深层、精神性——来定期审视自己的不同面向。你现在需要些什么可以让自己感觉更好一点儿？在阅读本书并培养更多自我觉知的过程中，请练习留意自我体验的不同维度。

我们的目标是保持动态的平衡，在你的一生中触及自己所有不同的可能性。通往圆满的道路并非仅仅是痊愈或开悟，而是能够承受住各种各样的体验，并用韧性和创造力来应对生命的无常变化。

一旦你能领会生命的不同面向，人生就会变得更加丰富多彩。

通过比较不同维度的得分，你就能看到自己生命中被充分实现了的领域与相对未被实现的领域之间的对比。你可以使用下面的图表来创建一张可视化的概览图。

| 外部生命 | 内部生命 | 更深层的生命 | 精神性生命 |

反思一下你生命中的哪些方面需要更多的关注，并留意每个维度中看上去发展最欠缺的领域。

这份"未竟人生清单"问卷会让你对自己未竟的人生有一个大致的了解，也有助于加深你对本书中所讨论内容的理解和应用。当你通读完全书之后，再回头来看看这份清单的结果，并认真思考一下，在接下来的六个月时间里，你可以采取哪些实际的步骤来开发你生命中那些新的潜力和可能性。

关于作者

罗伯特·A.约翰逊（Robert A.Johnson，1921—2018）是国际知名荣格心理分析师和训练师，著有畅销书《他：理解男性心理学》（*He：Understanding Masculine Psychology*，哈珀柯林斯出版集团旧金山出版社，1989年修订版）、《恋爱中的人：荣格观点的爱情心理学》（*We：Understanding the Psychology of Romantic Love*，哈珀柯林斯出版集团旧金山出版社，1985年）、《与梦对话》（*Inner Work*，哈珀柯林斯出版集团旧金山出版社，1989年）。他的众多著作已被翻译成九种不同的语言，畅销世界各地。约翰逊晚年主要居住在美国加利福尼亚州的圣地亚哥。

杰瑞·M.鲁尔博士（Jerry M.Ruhl Ph.D.）是一位临床心理学家，同时也是一位颇受欢迎的分析心理学训练师。除了致力于深度心理学领域的研究，他还在日本、巴厘岛、泰国、尼泊尔和印度等国家开展精神性传统方面的研究工作。他已经同罗伯特·A.约翰逊共同合著出版《天堂与尘世之间的平衡》（*Balancing Heaven and Earth*，哈珀柯林斯出版集团旧金山出版社，1998年）和《知足》

（*Contentment*，哈珀柯林斯出版集团旧金山出版社，1999年）。鲁尔博士居住在美国俄亥俄州黄温泉镇，并在俄亥俄州戴顿市开设了一家私人心理治疗机构。

有关作者及其研讨会和著作、磁带、DVD的更多信息，请访问网站：www.JerryRuhlRobertJohnson.com。

图书在版编目（CIP）数据

中年成长 / （美）罗伯特·A.约翰逊，（美）杰瑞·M.鲁尔著 ；周党伟，盛文哲译. -- 北京 ：北京联合出版公司，2024.11. -- ISBN 978-7-5596-7953-6

Ⅰ．B842.6-49

中国国家版本馆CIP数据核字第2024CK8054号

北京市版权局著作权合同登记 图字：01-2024-5015

中年成长

作　　者：[美]罗伯特·A.约翰逊　[美]杰瑞·M.鲁尔
译　　者：周党伟　盛文哲
出 品 人：赵红仕
责任编辑：孙志文
封面设计：林　林

北京联合出版公司出版

（北京市西城区德外大街83号楼9层　100088）

北京联合天畅文化传播公司发行

北京美图印务有限公司印刷　新华书店经销

字数200千字　880毫米×1230毫米　1/32　9印张

2024年11月第1版　2024年11月第1次印刷

ISBN 978-7-5596-7953-6

定价：58.00元